互联网·农民培训精品教材

农民手机应用

朱 斌 付 明 鲁建斌 主编

U0349767

中国农业科学技术出版社

图书在版编目（CIP）数据

农民手机应用／朱斌，付明，鲁建斌主编. —北京：中国农业科学技术出版社，2017.9

ISBN 978-7-5116-3215-9

Ⅰ.①农… Ⅱ.①朱…②付…③鲁… Ⅲ.①移动电话机–基本知识 Ⅳ.①TN929.53

中国版本图书馆 CIP 数据核字（2017）第 189002 号

责任编辑　　崔改泵　　于建慧
责任校对　　李向荣

出 版 者　　中国农业科学技术出版社
　　　　　　北京市中关村南大街 12 号　　邮编：100081
电　　话　　（010）82109194（编辑室）　　（010）82109702（发行部）
　　　　　　（010）82109709（读者服务部）
传　　真　　（010）82106624
网　　址　　http：//www.castp.cn
经 销 者　　各地新华书店
印 刷 者　　北京富泰印刷有限责任公司
开　　本　　787 mm×1 092 mm　　1/16
印　　张　　9
字　　数　　182 千字
版　　次　　2017 年 9 月第 1 版　　2017 年 9 月第 1 次印刷
定　　价　　39.80 元

《农民手机应用》
编委会

序

人类社会正向信息社会迈进，信息在社会生活中发挥着巨大的作用。自从世界上第一台电子计算机研制成功以来，信息处理与传播手段不断更新，信息革命正渗透到人类社会的每一个角落，深刻影响着人们的生产和生活。

为了促进技术创新和产业转型升级，全球再次掀起加快信息化发展的浪潮，世界各国纷纷加快推进信息技术研发，以互联网为代表的信息技术快速扩散，对国际政治、经济、社会和文化产生了深刻影响。

加快推进"互联网+"现代农业行动，强化信息技术对农业生产智能化、经营网络化、管理高效透明、服务灵活便捷的基础支撑作用是现代农业建设的重点任务。当前农村信息化基础设施建设滞后，互联网普及率不高，广大农民用不上、不会用、用不起信息技术的现象还比较普遍，城乡数字鸿沟仍然明显。

为加快推进农业农村经济结构调整和发展方式转变，加速推动信息化和农业现代化的深度融合，农业部积极响应互联网行动计划，印发《农业部关于开展农民手机应用技能培训提升信息化能力的通知》，计划用 3 年左右时间，通过对农民开展手机应用技能和信息化能力培训，大幅提升农民信息供给能力、传输能力、获取能力，使农民应用信息技术的基础设施设备进一步完善，农民利用计算机和手机提供生产信息，获取市场信息，开展网络营销，进行在线支付，实现智能生产，实行远程管理等能力明显增强。

提升农民信息化能力，有利于提高农业生产智能化精细化水平，有利于实现产销的更加精准对接，有利于改进农业信息采集监测方式，有利于为农民提供更加精准的服务。

截至 2016 年第三季度，全国范围内的智能手机保有量约为 10.1 亿部，远大于家用台式机保有量（约为 1.1 亿台），在广大农村的差别更加显著；在青年农民中手机已基本普及。

由于手机上网的推广成本低、培训方式灵活、农民容易接受、市场参与度高等优势，可以迅速提高农业农村信息化水平，加快促进农业现代化和全面建成小康社会目标的实现。

本书适合农民朋友和想用手机网上开店的初学者阅读使用！

由于作者水平有限，加之时间仓促，书中有不当之处在所难免。恳请广大读者和专家批评指正。本书在编写的过程中，参考了大量过相关资料，在此，谨向书中提到和参考文献列出的作者表示感谢！

编者
2017 年 2 月

目　　录

第一章　智能手机 ……………………………………………………………（1）

　　第一节　什么是智能手机 ……………………………………………（1）

　　第二节　智能手机与非智能手机的区别及其分类 …………………（1）

　　第三节　智能手机操作系统 …………………………………………（2）

第二章　无线网络 ………………………………………………………（4）

　　第一节　无线局域网 WLAN …………………………………………（4）

　　第二节　3G、4G 移动通信技术 ……………………………………（5）

第三章　智能手机购买、使用费用及运营商 ………………………（7）

　　第一节　智能手机的购买 ……………………………………………（7）

　　第二节　智能手机使用费用 …………………………………………（8）

第四章　智能手机应用软件（App） …………………………………（10）

　　第一节　Apple App Store（苹果手机应用软件商店）……………（10）

　　第二节　Android（安卓）应用市场 ………………………………（11）

　　第三节　扫描二维码下载 App ………………………………………（12）

　　第四节　App 的应用升级及自动更新 ………………………………（13）

第五章　智能手机的应用功能 ………………………………………（15）

　　第一节　生活百事、出行、文化娱乐 ………………………………（15）

　　第二节　手机购物选商品送货上门 …………………………………（20）

　　第三节　医疗及生活服务 ……………………………………………（26）

　　第四节　气象平台 ……………………………………………………（28）

　　第五节　法律实用工具 ………………………………………………（29）

第六章　智能手机应用工具 …………………………………………（32）

第七章　安全使用智能手机 …………………………………………（36）

　　第一节　危害智能手机的因素 ………………………………………（36）

　　第二节　案例解析 ……………………………………………………（37）

　　第三节　重视上网安全 ………………………………………………（38）

　　第四节　智能手机安全工具 …………………………………………（39）

第八章 微信的使用与微信营销 ………………………………………………… (42)

　　第一节 微信的使用 ………………………………………………………… (42)

　　第二节 微信营销 …………………………………………………………… (53)

第九章 用手机销售农产品 ………………………………………………… (59)

　　第一节 微店概述 …………………………………………………………… (59)

　　第二节 开微店的准备工作 ………………………………………………… (61)

　　第三节 微店注册 …………………………………………………………… (64)

　　第四节 商品管理 …………………………………………………………… (75)

　　第五节 淘宝店主开微店 …………………………………………………… (89)

　　第六节 微店的推广 ………………………………………………………… (93)

　　第七节 淘宝企业店铺认证 ………………………………………………… (97)

　　第八节 商家认证营业执照的证件要求 …………………………………… (99)

第十章 网店管理技巧 ……………………………………………………… (115)

　　第一节 网上店铺管理 ……………………………………………………… (115)

　　第二节 网店成本管理 ……………………………………………………… (116)

　　第三节 选择常用的快递公司 ……………………………………………… (120)

参考文献 …………………………………………………………………… (136)

第一章　智能手机

第一节　什么是智能手机

智能手机是指以个人电脑形式，具有独立的操作系统，独立的运行空间，可以由用户自行安装软件、导航等第三方服务商提供的服务，并可以通过移动通信网络来实现无线网络接入的手机类型的总称。

虽然全世界的人们都在使用智能手机，但不是人人都了解如何正确、充分地使用它。智能手机具有优良的操作系统，可安装各类软件，完美大屏的全触屏式操作感这三大特性，给用户带来了极大的方便。

人们可以通过语音要求智能手机找到联系人打电话；通过导航找到要去的地方；通过提供扫描外文翻译成中文为出国旅游提供方便；通过智能手机定位找到亲人或找到最便宜最好的饭店。人们可以通过智能手机交水费和电费，挂号看病，买东西；可以通过智能手机交换视频、传照片；可以通过手机请专家指导生产、改进生产方法。随着信息化产业的发展，智能手机的用途将会越来越大、使用范围越来越广，因此，学习和全面掌握智能手机的用途，是当下农民在生活生产中必要的一课。

第二节　智能手机与非智能手机的区别及其分类

智能手机与非智能手机的区别主要看能否基于系统平台的功能扩展。很多朋友都认为可以手写输入的手机一般都是智能手机，其实不然，这两者并没有直接的因果联系。同样的，功能多的手机也不见得就是智能手机。

智能手机有自身的操作系统，Android、iOS这两个操作系统相对应的智能手机构成了目前智能手机两大阵营。

从价格上来看，智能手机的价格明显比非智能型手机高出一截。在这里提醒想购买智能手机的农民朋友注意，在购买手机之前，必须弄清楚自己需要什么类型的手机，不要被夸张的营销宣传所迷惑。

目前，全球市场上主流的智能手机有谷歌、苹果、三星、诺基亚、HTC 宏达电子等，这五大品牌在全世界广为人知，而小米、华为、OPPO、VIVO、魅族、联想、中兴、酷派、一加、金立（GIONEE）、天宇（天语）等品牌在中国备受关注。

今天中国智能手机市场，仍以个人信息管理型手机为主流，随着更多厂商的加入，整体市场的竞争已经开始呈现分散化的态势，整个市场处于启动阶段。

第三节　智能手机操作系统

操作系统（Operating System，OS）是管理和控制计算机硬件与软件资源的程序，是直接运行在"裸机"上的最基本的系统软件，任何其他软件都必须在操作系统的支持下才能运行。

操作系统是用户和计算机的接口，同时也是计算机硬件与其他软件的接口。操作系统的功能包括管理计算机系统的硬件、软件及数据资源，控制程序运行，改善人机界面，为其他应用软件提供支持，让计算机系统所有资源最大限度地发挥作用，提供各种形式的用户界面，使用户有一个好的工作环境，为其他软件的开发提供必要的服务和相应的接口等。实际上，用户是不用接触操作系统的，操作系统管理着计算机硬件资源，同时按照应用程序的资源请求分配资源，如划分 CPU 时间、内存空间的开辟、调用打印机等。

目前手机的操作系统有 iOS（苹果）操作系统、Android（安卓）操作系统、iOS 是由苹果公司开发的移动操作系统。

iOS（苹果）操作系统

苹果公司于 2007 年 1 月 9 日的 Mac world 大会上公布了这个系统，最初是供苹果智能手机使用的，后来陆续套用到苹果移动多媒体播放器、苹果平板电脑以及苹果电视等产品上。iOS 与苹果的 Mac OS X 操作系统一样，属于类 Unix 的商业操作系统。原本这个系统名为 iPhone OS，因为平板电脑、智能手机、移动多媒体播放器都使用 iPhone OS，所以在 2010 WWDC 大会上宣布改名为 iOS（iOS 为美国 Cisco 公司网络设备操作系统注册商标，苹果改名已获得 Cisco 公司授权）。

2016 年 1 月，随着 9.2.1 版本的发布，苹果修复了一个存在了 3 年的漏洞。该漏洞在 iPhone 或 iPad 用户于酒店或者机场等访问带强制门户的网络时，登录页面会通过未加密的 HTTP 连接显示网络使用条款。在用户接受条款后，即可正常上网，但嵌入浏览器会将未加密的 Cookie 分享给 Safari 浏览器。利用这种分享的资源，黑客可以创建自主的虚假强制门户，并将其关联至 WiFi 网络，从而窃取设备上保存的任何未加密 Cookie。现在苹果再一次推出全新的 iOS9.3Beta 版本，此次的更新将会加入更多 3D Touch 功能，让用户可以更善用 3D Touch 来进行更多操作。

Android（安卓）操作系统

Android（安卓）是一种基于 Linux 自由及开放源代码的操作系统，主要应用于移动设备，如智能手机和平板电脑，由谷歌公司和开放手机联盟领导及开发。它尚未有统一的中文名称，中国大陆地区较多人称之为"安卓"或"安致"。安卓操作系统最初由谷歌工程副总裁安迪·鲁宾开发，主要支持手机。2005 年 8 月，由谷歌收购注资。2007 年 11 月，谷歌与 84 家硬件制造商、软件开发商及电信营运商组建开放手机联盟，共同研发改良安卓系统。随后谷歌以 Apache 开源许可证的授权方式，发布了安卓的源代码。第一部安卓智能手机发布于 2008 年 10 月，后逐渐扩展到平板电脑及其他领域上，如电视、数码相机、游戏机等。

第二章　无线网络

无线网络是采用无线通信技术实现的网络。无线网络既包括允许用户建立远距离无线连接的全球语音和数据网络，也包括为近距离无线连接进行优化的红外线技术及射频技术，与有线网络的用途类似。两者最大的不同在于传输媒介的不同，利用无线电技术取代网线，可以与有线网络互为备份。

主流应用的无线网络分为无线局域网（WLAN）和通过公众移动通信网实现的无线网络（如 3G、4G）两种方式。

第一节　无线局域网 WLAN

无线局域网英文全称为 Wireless Local Area Networks；简写为 WLAN。它是相当便利的数据传输系统。它利用射频（Radio Frequency，RF）技术，使用电磁波，取代旧式碍手碍脚的双绞铜线（Coaxial）所构成的局域网络，在空中进行通信连接，使得无线局域网络能利用简单的存取架构，让用户通过它，达到"信息随身化，便利走天下"的理想境界。

公司无线 WLAN 是简单的无线局域网，将一台设备作为防火墙、路由器、交换机和无线接入点。这些无线路由器可以提供广泛的功能，帮助网络抵御外界的入侵。允许共享一个 ISP（Internet 服务提供商）的单一 IP 地址，提供有线以太网服务，和另一个以太网交换机或集线器进行扩展，为多个无线计算机作一个无线接入点，可以为笔记本电脑、手机提供无线网络服务。

　　WiFi 是 WLANA（无线局域网联盟）的一个商标，由 WiFi 联盟所持有，WiFi 是 WLAN 的重要组成部分。因为 WiFi 主要采用 802.11b 协议，因此人们逐渐习惯用 WiFi 来称呼 802.11b 协议。从包含关系上来说，WiFi 是 WLAN 的一个标准，WiFi 包含于 WLAN 中，属于采用 WLAN 协议的一项新技术。WiFi 的覆盖范围可达 90 米左右，WLAN 最大（加天线）可以到 5 000 米。

　　WiFi 最主要的优势在于不需要布线，可以不受布线条件的限制，因此非常适合移动办公用户的需要，并且由于发射信号功率低于 100 兆瓦，低于手机发射功率，所以无线上网相对也是最安全健康的。

　　WiFi 信号也是由有线网提供的，例如家里的非对称数字用户线路、小区宽带等，只要接一个无线路由器，就可以将有线信号转换成无线保真信号。

　　现在无线网络的覆盖范围在国内越来越广泛，高级宾馆、豪华住宅区、飞机场以及咖啡厅等公共区域都有 WiFi 接口。当我们去旅游、办公时，就可以在这些场所使用智能手机尽情上网。厂商在机场、车站、咖啡店、图书馆等人员较密集的地方设置"热点"（WiFi 上网发射点），并通过高速线路将互联网接入上述场所。智能手机在距发射点半径数十米至 100 米的地方都可以接入互联网，在家也可以买无线路由器设置局域网然后痛痛快快地无线上网了。

　　几乎所有智能手机都支持无线上网。在有 WiFi 无线信号的时候就可以不通过移动、电信（联通）的网络上网，节省流量费。

第二节　3G、4G 移动通信技术

　　移动通信技术从第一代的模拟通信系统发展到第二代的数字通信系统，以及之后的 3G、4G，正以突飞猛进的速度发展。

一、3G 是指第三代移动通信技术

　　3G 是将无线通信与国际互联网等多媒体通信结合的一代移动通信系统，是指支持高速数据传输的蜂窝移动通信技术。3G 服务能够同时传送声音及数据信息，速率一般为几百 kbps。

　　中国国内三个无线接口标准，分别是中国电信的 CDMA 2000、中国联通的 WCPMA 和中国移动的 TD-SCDMA。

　　3G 与 2G 的主要区别在于传输声音和数据速度上的提升，3G 能在全球范围内实现无线漫游，并处理图像、音乐、视频流等多种媒体形式，提供包括网页浏览、电话会议、电子商务等多种信息服务，同时具备第二代系统的良好兼容性。

3G 应用领域：在手机上收发语音邮件、写博客、聊天、搜索、下载图铃等，通过手机开展商务活动、视频通话、观看手机电视、听手机音乐、办公、购物、网游等。

二、4G 是指第四代移动通信技术

4G 能够以 100Mbps 以上的速度下载，比目前的家用宽带 ADSL（4 兆）快 25 倍，并能够满足几乎所有用户对于无线服务的要求。此外，4G 可以在 DSL（数字用户线路）和有线电视调制解调器没有覆盖的地方设置，然后再扩展到整个地区。

截至 2015 年 12 月底，我国电话用户总数达到 15.37 亿户，其中，移动电话用户总数 13.06 亿户。4G 用户总数达 3.862 25 亿户，4G 用户在移动电话用户中的渗透率为 29.6%。

4G 优势为通信速度快、网络频谱宽、通信灵活、兼容性好、提供增值服务、高质量通信、频率效率高、下载速率可达到 5~10Mbps、费用便宜等。

4G 通信可与 3G 兼容，让更多的现有通信用户能轻易地升级到 4G 通信，4G 通信设置起来很容易，通信营运商直接在 3G 通信网络的基础设施之上，采用逐步引入的方法，能够有效地降低运营者和用户的费用。

第四代移动电话不仅音质清晰，而且能进行高清晰度的图像传输，用途十分广泛。可在任何地址宽带接入互联网，包含卫星通信，具有信息通信之外的定位定时、数据采集、远程控制等综合功能。它包括宽带无线固定接入、宽带无线局域网、移动宽带系统和互操作的广播网络（基于地面和卫星系统）。

第四代移动实现宽带多媒体通信，通过 IP 进行通话，能为移动用户提供高质量的影像服务，实现三维图像的高质量传输，有很强的自组织性和灵活性，支持交互式多媒体业务，如视频会议、无线互联网等。4G 系统可以自动管理、动态改变自己的结构以满足系统变化和发展的要求。用户可使用各种各样的移动设备接入 4G 系统中，各种不同的接入系统结合成一个公共的平台，成为社会上多行业、多部门、多系统与人们沟通的桥梁。

第三章　智能手机购买、使用费用及运营商

第一节　智能手机的购买

一、购买智能手机注意事项

（一）选择正确的操作系统

目前主流的手机操作系统分别是 iOS（iPhone）、Android ，了解它们各自的特点、性能、应用支持情况、价格以及后期使用费用，对你挑选最适合自己的机型是十分必要的。

（二）选择正确的网络制式

一款智能手机其功能还是基于通话的主要功能，数据传输已经成为其第二功能。因此，在你选择智能手机时，应考虑自己的应用网络环境。目前运营商提供2G、3G、4G 网络，在购买前应注意手机对网络的支持情况。

（三）选择适合的套餐资费

许多智能手机销售时搭配有套餐，需要在后续使用中支付运营商费用或厂家服务费等，在购买前应详细了解。一些合约机以低廉的价格吸引购买者，但后期费用高昂。

（四）选择正规的购买渠道

一些不法商家一面以不合理的低价吸引消费者，一面销售水货、翻新机、山寨机等，经验不足的消费者很容易上当。应尽量选择正规的购买渠道，勿贪图一时的便宜。

二、网上购买智能手机

网上购买智能手机，必须到智能手机的品牌官方网站或者京东店铺，避免购买

山寨手机或者假冒伪劣手机。

三、门店购买智能手机

如果我们去商店购买智能手机，应该去苹果、三星、华为等品牌手机专卖店购买或者去国美、苏宁、迪信通等大卖场购买，避免购买山寨手机或者假冒伪劣手机。

第二节　智能手机使用费用

一、智能手机的费用构成

目前人们使用智能手机一般需要支付的费用有：打电话需要的费用；发短信需要的费用；上移动无线网需要的费用；如果你需要在手机上看书听书，有的网站也会收费；如果你需要在网上银行转账，也需要看清楚各个银行的规定，有的银行也要收费。

当你接听电话听到新鲜的铃声歌曲时，马上会有短信告诉你下载需要付费用，等等。

二、各类合约套餐

为了赢得用户，中国移动、中国电信和中国联通等无线网络运营商先后推出了很多不同的合约套餐，这些套餐将打电话、发短信、上网基本费用捆绑在一起，你可以根据自己的使用规律购买套餐。

三、移动无线网零售门店充值

为了赢得用户，中国移动、中国电信和中国联通等无线网络运营商的零售门店先后推出了随时随地网上充值服务并提供手机充值卡。

四、进村入户服务站代充值

农业部门为了推动农村信息化的发展，在农村设立了信息进村入户服务站，这些服务站的便民服务会帮助广大农民朋友充值话费。

五、在智能手机上充值

在微信上关注中国移动、中国电信和中国联通的官方微信公众号，点开公众号，就有充值按钮，点开后出现各种充值栏目，你可以选择自己需要的栏目打开充值，然后点击你充值的金额，通过微信账户支付。

六、节约智能手机费用的办法

在家里或办公室手机使用自有 WLAN 上网不付费，或者可以购买 WLAN 网络，其资费一般远低于移动数据（中国移动、中国电信、中国联通以及其他二级网络运营商如华数、华硕有线宽带网一般可以按年付费，安装无线路由器后发射的无线 WLAN 可以供笔记本、手机上网使用）。

当使用无线移动数据时，先搜索附近是否有可用的 WLAN，再打开 WLAN。上网完成必要的项目后可关闭手机移动数据功能，关闭 WLAN。这样可以减少停止隐蔽网络软件在后台的运行消耗，减少移动数据的消耗。无线移动数据是按流量收费的。

第四章　智能手机应用软件（App）

App 是英文 Application（应用程序）的简称，一般指手机软件，即安装在手机上的软件。它的作用是完善原始系统的不足与个性化。

一开始 App 只是以一种第三方应用的合作形式参与到互联网商业活动中去的。随着互联网越来越开放化，App 作为一种萌生于手机的盈利模式开始被更多的互联网商业大亨看重，如淘宝开放平台、腾讯的微博开发平台、百度的百度应用平台，都是 App 思想的具体表现。电商一方面可以积聚各种不同类型的网络受众，另一方面借助 App 平台获取流量，其中包括大众流量和定向流量。

App 作为智能手机的第三方应用程序，比较著名的 App 商店有苹果的音乐商店、谷歌的 Google Play、诺基亚的 Ovi 商店，还有黑莓用户的 BlackBerry App World 以及微软的应用商城。与电脑一样，下载手机软件时还要考虑你手机所安装的系统。

第一节　Apple App Store（苹果手机应用软件商店）

App Store 是苹果音乐商店的一部分，是苹果手机、苹果平板电脑以及苹果电脑的服务软件，允许用户从 iTunes Store 或 Mac App Store 浏览和下载一些为 iPhone SDK 或 Mac 开发的应用程序。

用户可以购买收费项目和免费项目，将该应用程序直接下载到 iPhone 或 iPod touch、iPad、Mac。其中包含游戏、日历、翻译程式、图库以及许多实用的软件。

苹果手机应用商店拥有海量精选的移动 App，均由 Apple 和第三方开发者为 iPhone 量身设计。在 App Store 你可以轻松找到想要的 App，甚至发现自己从前不知道却有需要的新 App。你可以按类别随意浏览，或者选购由专家精选的 App 和游戏。Apple 会对 App Store 中的所有内容进行预防恶意软件的审查，因此，你购买和下载 App 的来源完全安全可靠。

2014 年 11 月，苹果公司正式宣布，人民币 1 元及 3 元将是中国区应用商店的新定价，作为一个永久价格选项。其他国家的开发者向中国运营商商店提交应用的时候都可以选择这两个定价。

第二节　Android（安卓）应用市场

安卓市场由著名的安卓专业论坛——安卓网开发，该市场是中国国内老牌的 Android 软件发布平台，原创中文软件涵盖量大，是一个全中文化的市场、本地化的程序应用，依托着安卓网开发者联盟的强大支持，每天不断有新鲜中文软件与大家见面。

安卓市场提供"手机客户端""平板电脑客户端/PC 端"和"网页端"等多种下载渠道，用户可以自由选择"手机直接下载""云推送""扫描二维码"和"电脑下载"等多种方式轻松获取安卓软件和游戏。安卓市场为用户提供一站式的软件下载、管理和升级服务。安卓的 Logo 是一个全身绿色的机器人。

安卓市场提供海量软件资源，包罗万象；拥有上千万忠实用户，日均下载量在同类市场中居前列。安卓市场为用户第一时间呈现各类应用软件，主动更新热门应用，充分满足用户的尝鲜体验。安卓市场根据软件优势，结合时事热点、生活百态推出各种人性化专栏，贴近用户心理同时带来愉悦享受；应用先进技术，压缩数据节省流量。特设社交功能，用户可通过微博、短信、云推送等方式与好友分享软件。使用 Android 软件管家，可随时随地下载安装 Android 应用和游戏，操作简单，一键备份软件安装包。首创离线功能及收藏批量下载，在方便的时候一键批量下载安装收藏夹中的软件，同时可在线安装应用软件，也可以管理本地软件和安装包。

安卓市场上所有的应用软件，均经过系统、人工双重审核，下载更安全，同时做到永久免费。

安卓市场支持云推送、二维码等多种下载渠道。安卓市场经严格筛选，将精品等应用程序根据全部用户的整体评价以从高至低的方式展现。

初次使用软件时特别增加了快速教程，便捷操作、主要功能一览无余，让使用者充分掌握使用技巧，更能帮助用户发现它人性化的隐蔽便捷操作。

其他国内主流安卓市场介绍：

一是 360 手机助手。360 手机助手是中国最大的安卓应用分发平台，2014 年 1 月 24 日正式推出免流量下载。360 手机助手是国内最大的 Android 资源获取平台，提供海量的游戏、软件、音乐、小说、视频、图片等资源下载。360 在现在的安卓智能手机上占有相当大的市场份额。全部资源经过 360 安全检测中心的审核认证，绿色无毒，安全无忧。

官方主页：http：//sj. 360. cn

二是百度手机助手。拥有海量免费优质安卓 Android 手机应用，提供极速下载，汇集最新最火热的安卓应用，安装包小巧方便，万千汇聚，一触即得，是 Android 手机的权威资源平台。

官方主页：http：//as. baidu. com/a/appsearch

三是 91 手机助手。使用 91 助手，通过电脑即可轻松管理智能手机，下载海量的手机游戏、手机软件、手机音乐、手机铃声、手机壁纸、手机主题、手机电影等各种手机应用，节省手机流量。91 助手是受广大智能手机用户喜爱的中文应用市场，是全球唯一跨终端、跨平台的内容分发平台。91 手机助手还有一键转机、手机备份还原、手机联系人管理、手机短信管理、文件管理、手机截屏、手机同屏等手机管理功能，简洁易用。

官方主页：http：//zs. 91. com/

四是豌豆荚。豌豆荚让用户的安卓手机简单好用，轻松管理手机，免费下载应用、视频和音乐，管理通讯录，快速备份手机。管理 Android 的软件，可以帮助你在电脑上备份/恢复通讯录和短信记录，整理通讯录，收发短信，安装/卸载/下载应用程序，搜索/下载音乐（包括歌词，封面），实现对优酷网、土豆网等主流网站的视频下载、转换并传输至手机后可直接观看。

官方主页：http：//www. wandoujia. com/

五是应用宝。应用宝 Android 官网是腾讯应用中心旗下一款专门为用户提供安卓应用下载的 web 产品。应用宝一切以用户价值为依归，通过海量丰富的应用、游戏资源，高品质的应用推荐，丰富多彩的用户互动，努力为用户打造贴心、舒心、快乐、健康的移动应用服务平台。用户可以通过应用宝免费下载、安装安卓软件、游戏以及音乐、电子书；还可以便捷地进行手机体检、资料备份、资源管理。

官方主页：http：//sj. qq. com/

六是谷歌市场。Google Play 是谷歌 Android 系统自带的官方应用市场，可以让用户去浏览、下载第三方应用程序，其中包括图书、音像、视频、应用等，内容非常丰富。

官方主页：https：//play. google. com/store

第三节　扫描二维码下载 App

二维码（2-dimensional bar code）是用某种特定的几何图形按一定规律在平面（二维方向上）分布的黑白相间的图形记录数据符号信息，在代码编制上巧妙地利用构成计算机内部逻辑基础的"0""1"比特流的概念，使用若干个与二进制相对应的几何形体来表示文字数值信息，通过图像输入设备或光电扫描设备自动识读以实现信息自动处理。它具有条码技术的一些共性：每种码制有其特定的字符集；每个字符占有一定的宽度；具有一定的校验功能等。同时还具有对不同行的信息自动识别功能及处理图形旋转变化点。

手机二维码是二维码技术在手机上的应用。手机二维码的应用有两种：主读与被读。所谓主读，就是使用者主动读取二维码，一般指手机安装扫码软件。被读就是指电子回执之类的应用，比如火车票、电影票、电子优惠券之类。

手机二维码可以印刷在报纸、杂志、广告、图书、包装以及个人名片等多种载体上，用户通过手机摄像头扫描二维码或输入二维码下面的号码、关键字即可实现快速手机上网，快速便捷地浏览网页，下载图文、音乐、视频，获取优惠券，参与抽奖，了解企业产品信息，而省去了在手机上输入网址（URL）的烦琐过程，实现一键上网。

同时，可以用手机识别和存储名片、自动输入短信，获取公共服务（如天气预报），实现电子地图查询定位、手机阅读等多种功能。随着 3G、4G 的到来，二维码可以为网络浏览、下载、在线视频、网上购物、网上支付等提供方便的入口。

当你的智能手机安装了扫码软件后，就可以直接扫 App 二维码下载，下载完成后就可以点击安装，安装完成后就可以运行了。

第四节　App 的应用升级及自动更新

版本升级（version go up）是指对操作系统或软件前版本的漏洞进行完善；或者对软件添加新的应用功能的更新，使软件更加完善好用，故而叫作版本升级；将原先系统中存在的 Bug 等错误信息进行修改，等等。

程序的版本信息主要由四个值组成，分别是主版本号、次版本号、内部版本号、内部修订号。

例如，1.0.0.0 版。如没有修订号和内部版本号，一般取默认值 0，有时也可以将其省略，直接用主版本号和次版本号表示。例如，1.0 版。如果软件在功能上有重要的增强或改进时，可将主版本号增加，如 DOS2.10 版升级为 DOS3.00 版。若新版本只是排除了几个错误或者在功能等方面变化不大，主版本号不变，次版本号增加，例如，DOS3.40 版升级为 DOS3.41 版。

1. 升级类型

版本升级主要有如下几类。

（1）软件类　娱乐类、工作学习类、浏览器类等的软件升级。

（2）操作系统类　Windows 操作系统、Linux 操作系统、Unix 操作系统等的升级。

2. 升级方式

升级方式可分为两部分。

（1）手动升级　操作麻烦，但速度比自动快，可以自主选择。

（2）自动升级　设置好自动升级，不需要去操作，升级方便，操作简捷。

一般情况下，软件系统经过一段时间的使用，就会逐步显现出自身的一些漏洞和缺陷，这些漏洞和缺陷无法满足日益发展的需求，因此软件开发商必须定期或者不定期对软件本身的漏洞和缺陷进行修复和更正，这样就产生了新的软件版本，以满足新的使用要求。

版本升级固然带来了新的功能，使部分漏洞及缺陷得以修复，但并不代表升级是好事。版本升级时需注意升级后，硬件是否支持，如内存够不够；软环境是否支持；新的功能是否确实需要；是否会与其他软件产生不兼容；升级可能带来的费用，如免费版到付费版等。

第五章　智能手机的应用功能

第一节　生活百事、出行、文化娱乐

智能手机具备普通手机的全部功能，有正常的通话、发短信等手机应用。与普通手机不同的是，智能手机可以通过语音功能来寻找联系人拨打电话。

从广义上说，智能手机除了通话功能外，还具备了掌上电脑的大部分功能，特别是个人信息管理以及基于无线数据通信的浏览器和收发电子邮件功能。

智能手机为用户提供了足够的屏幕尺寸和带宽，既方便随身携带，又为软件运行和内容服务提供了广阔的舞台，很多增值业务可以就此展开，如股票、新闻、天气、交通、商品、应用程序下载、音乐图片下载等。智能手机具备掌上电脑的功能，如 PIM（个人信息管理）、日程记事、任务安排、多媒体应用、网页浏览等。

智能手机具备一个开放性的操作系统，在它接入无线互联网后，在这个操作系统平台上，可以安装更多的应用程序，从而使智能手机的功能可以得到无限的扩充。

我们的日常生活中会遇到各类生产、生活问题，如有的时候不知道某个东西的性能、某种药的用法；若要外出，不知道天气如何，要去的地方空气质量怎样，怎么去方便，等等。只要你的智能手机下载了百度、导航、天气预报等平台，这些问题就能获得圆满的解答。

一、手机百度

在浏览器打开手机百度官网，下载、安装，完成后就可以使用。

当智能手机安装百度软件后，用户就可以在互联网上学习新知识、新技术，了解新情况，查找不知道的东西。同时，也可以通过百度掌握农业生产中许多种植、养殖等技术，当你在生产和工作中遇到困难和问题的时候，还可以通过百度发起讨论，让全世界的人和你一起来解决。

百度（纳斯达克：BIDU）是全球最大的中文搜索引擎、最大的中文网站。2000年1月由李彦宏创立于北京中关村，致力于向人们提供"简单、可依赖"的信息获取方式。"百度"二字源于中国宋朝词人辛弃疾的《青玉案·元夕》词句"众里寻他千百度"，象征着百度对中文信息检索技术的执着追求。

如今，百度已经成为中国最具价值的品牌之一，英国《金融时报》将百度列为"中国十大世界级品牌"之一，百度已获得"亚洲最受尊敬企业""全球最具创新力企业""中国互联网力量之星"等赞誉。多年来，百度公司以搜索改变生活，推动人类的文明与进步，促进中国经济的发展为己任，朝着更为远大的目标迈进。

如今，百度百科已经收录了超过1 300万的词条，几乎涵盖了所有已知的知识领域。百度数字博物馆通过音频讲解、实境模拟、立体展现等多种形式让用户身临其境地观赏展品。明星百科、百度词媒体、百度地图、百度全球海洋馆、艺术百科、科学百科等，让你通过互联网就可以了解世界天文地理，掌握各种各样的知识、技能，提高你的基本素质。

手机百度是百度推出的一款方便手机用户随时随地使用百度搜索服务的应用。它依托百度网页、百度图片、百度新闻、百度知道、百度百科、百度地图、百度音乐、百度视频等专业垂直搜索频道，帮助手机用户更快找到所需，打造快捷手机新搜索。手机百度可以使用智能搜索、语言搜索、图像搜索（拍张照片可以搜索明星脸、狗品种、图书信息、中英互译、商品条码扫描等）、全局搜索。

下载使用手机百度客户端，目前有Android、iOS、WP7&WP8平台可供下载，用户可进入手机百度官网或各大应用市场下载。

使用方法：打开手机百度客户端，在搜索框中直接输入想要搜索的内容。目前手机百度客户端支持语音输入、图像输入、文字输入等多种方式，全方位地满足用户的需求。

二、高德地图

如果你到城里去，不知道准确位置，可以下载高德地图，然后打开定位，找到准确位置，选择公共交通、自己驾车、走路等方式，点"导航"，系统会直接给你设置好路线、距离和需要的时间。如果点开"路况"，还可以看到交通实况，自动选择不拥挤路段，帮助你顺利到达。

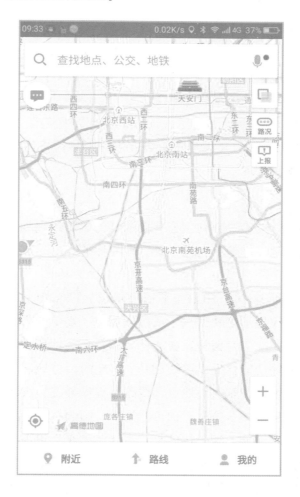

高德是中国数字地图内容、导航和位置服务解决方案提供商。高德拥有导航电子地图甲级测绘资质、测绘航空摄影甲级资质和互联网地图服务甲级测绘资质。高德地图是基于位置的生活服务功能最全面、信息最丰富的手机地图；高德地图采用领先的技术为用户打造了最好用的"活地图"，不管在哪儿、去哪儿、找哪儿、怎么去、想干什么，一图在手，统统搞定。高德发布了"出行保障"计划，宣布此项服务长期有效，而且最高赔付额度提高到了 1 000 元。

官网：http：//ditu. amap. com/

高德地图数据覆盖中国大陆及香港、澳门，遍及 337 个地级 2 857 个县级以上行政区划单位；导航支持 GPS、基站、网络等多种方式一键定位；美食、酒店、演出、商场等各种深度 POI 点达 2 600 多万条，衣食住行吃喝玩乐全方位海量生活信息可供搜索查询；自动生成"最短""最快""最省钱"等多种路线规划以供选择，可根据实时路况选择最优公交或驾车出行路线。

1. 最新地图浏览器

最新矢量地图渲染，最高质量地图效果，最丰富数据信息，最快速操作体验，最节省数据流量。实地采集，网络采集，行业领先，每年 4 次信息更新，性能提升，所占空间降低，比传统地图软件省流量。

同时，具有在线导航功能、全程语音指引提示、完善偏航判定和偏航重导功能，AR 功能结合手机摄像头和用户位置、方向等信息，将信息点以更直观的方式展现给用户，为发现目标地点进行指引。

2. 丰富的出行查询功能

地名信息查询、分类信息查询、公交换乘、驾车路线规划、公交线路查询、位置收藏夹等丰富的基础地理信息查询工具。即使你的 iPhone 在锁屏状态也能听到高德导航的语音提示。

夜间打开高德导航并开启 HUD（平视显示器），将 iPhone 放到汽车风挡玻璃下，高德导航会把路线提示倒映到汽车风挡玻璃上，避免低头看手机时影响驾驶。

高德导航有交通路况实时播报、智能计算到达目的地所需的时间、避堵路线方案规划、摄像头提醒等功能；提供离线 2D、3D 地图，分地区下载地图包、全国地图包、全国概要图；可以搜索热门地点、线路，提供公交、火车、自驾出行线路规划以及天气查询服务，餐饮、住宿、优惠、演出、团购全覆盖。

高德地图还有打车功能，综合快的打车、滴滴打车，更加有利你的出行。

目前，人们常用的手机导航平台有高德地图、百度导航。这些导航平台都安装了 2D、3D 视角的标准地图、卫星地图、公共交通地图，可以随时随地了解城市路况，帮助你选择最佳到达目的地的路线，当你选择好出行方式，无论是步行、驾车、坐公交车，导航都会帮助你计算出你所在地与要去的地方的距离和花费的时间。如果坐公交车去，还会帮助你选择几路公交车，告诉你停几个站等。

三、看电视、电影、文艺节目，听音乐

　　当智能手机安装了带有视频节目的软件如优酷、乐视、爱奇艺、酷狗音乐等，就可以轻松地点开你喜欢的电影、电视剧和各种各样的节目观看。也可以寻找所有的卫星频道观看即时的新闻节目等，还可以欣赏好听的音乐。但是要记住，当你观看这些节目的时候必须使用 WLAN，不要使用移动无线网络，因为使用这些功能会耗费很大的流量，要支付很高的费用。

四、今日头条

　　使用 360 手机助手，下载、安装，完成后就可以使用。

　　今日头条是一款基于数据挖掘的推荐引擎产品，它为用户推荐有价值的、个性化的信息，提供连接人与信息的新型服务，是国内移动互联网领域成长最快的服务

产品之一。它由国内互联网创业者张一鸣于 2012 年 3 月创建，2012 年 8 月发布第一个版本，截至 2016 年 10 月底，今日头条激活用户数已经超过 6 亿，月活跃用户数超过 1.4 亿，日活跃用户数超过 6 600 万，单用户日均使用时长超过 76 分钟，日均启动次数约 9 次。另外，截至 2016 年 11 月底，已有超过 39 万个个人、组织开设头条号。

当用户使用微博、QQ 等社交账号登录今日头条时，它能 5 秒钟内通过算法解读使用者的兴趣 DNA，用户每次动作后，10 秒更新用户模型，越用越懂用户，从而进行精准的阅读内容推荐。

今日头条还可以分享推广产品，当然是需要付费的。但效果好，毕竟现在大部分手机都是安装今日头条，看新闻资讯。

第二节　手机购物选商品送货上门

当智能手机安装了手机淘宝、农村淘宝、手机京东等网上购物平台软件，支付宝、微信等网上金融软件后，就可以在手机淘宝、农村淘宝或者手机京东上注册账户，在手机淘宝、农村淘宝、手机京东购物平台上进入任何一个网店购买需要的物品或者农业生产的农资，例如化肥、农药、种子以及种植机械。

这些东西在两三天后就会送到家中，检查货物以后觉得满意，就点开支付宝同意支付。如果你觉得不满意，可以直接退货，请快递员带回。京东的付款方式有网上支付或者货到付款。

一、淘宝网

淘宝网是亚太地区较大的网络零售、商圈，由阿里巴巴集团于 2003 年 5 月创立，目前拥有近 5 亿的注册用户数，每天有超过 6 000 万的固定访客，每天的在线商品数已经超过了 8 亿件，平均每分钟售出 4.8 万件商品。

淘宝也从单一的 C2C 网络集市变成了包括 C2C、团购、分销、拍卖等多种电子商务模式在内的综合性零售商圈，已经成为世界范围的电子商务交易平台之一。

淘宝网推动"货真价实、物美价廉、按需定制"网货的普及，帮助更多的消费者享用海量且丰富的网货，获得更高的生活品质；通过提供网络销售平台等基础性服务，帮助更多的企业开拓市场、创立品牌，实现产业升级，帮助更多胸怀梦想的人通过网络实现创业就业。

淘宝网是深受人们欢迎的网络零售平台，也是消费者交流社区和全球创意商品的集中地。淘宝网在很大程度上改变了传统的生产方式，也改变了人们的生活消费方式。

阿里巴巴集团与国家认证认可监督管理委员会信息中心正式签署合作框架协议，阿里巴巴已成为首家直接接入国家 CCC 认证信息数据库的电商平台。

使用步骤：使用 360 手机助手，下载手机淘宝 App、安装，完成后打开就可以看到商城的产品信息。

如果需要购买，就要注册。点开"我的淘宝"，点击注册，输入手机号，设置两次密码，输入验证码，登录，设置会员名成功后，你的手机会收到短信，按照短信要求完成激活手机支付宝支付功能，就可以在商城购买商品。

淘宝官网：https：www. taobao. com/

二、农村淘宝

农村淘宝是阿里巴巴集团的战略项目，通过与各地政府深度合作，以电子商务平台为基础，搭建县村两级服务网络，充分发挥电子商务优势，突破物流、信息流的瓶颈，人才和意识的短板，实现"网货下乡"和"农产品进城"的双向流通功能。加速城乡一体化，吸引更多的人才回流创业，为实现现代化、智能化的"智慧农村"而积基树本。

为了服务农民，创新农业，让农村生活更美好，阿里巴巴计划在 3~5 年内投资 100 亿元，建立 1 000 个县级服务中心和 10 万个村级服务站，至少覆盖到全国1/3的县及 1/6 的农村地区。

农村淘宝官网：https：//cun．taobao．com/

使用步骤：使用 360 手机助手，下载手机农村淘宝 App、安装，完成后打开就可以看到商城的首页。农村淘宝账号和淘宝账号是同一账号的。

　　点击左上角的"农资"按钮，进入农技服务，就可以购买农业生产农资。如种子种苗、化肥农药等。

　　点击底部的"农技交流"按钮，可以看到行业资讯、种植交流、养殖交流、咨询行业专家。

三、京东

京东 JD. COM——专业的综合网上购物商城，销售超数万品牌、4 020万种商品，囊括家电、手机、电脑、母婴、服装等十三大品类。秉承客户为先的理念，京东所售商品为正品行货、全国联保、机打发票，是中国最大的自营式电商企业。

京东集团旗下设有京东商城、京东金融、京东智能、O2O 及海外事业部。

使用步骤：在浏览器打开京东官网，下载、安装，完成后打开就可以看到商城的产品信息。

如果需要购买，就要注册。点开"我的京东"或者"我的关注"，输入手机号，设置两次密码，输入验证码，登录，就可以在商城购买商品（注册的手机必须绑定一张银行卡）。京东官网：http：//www．jd．com/。

第三节　医疗及生活服务

一、挂号

当智能手机安装了支付宝、微信等网上金融软件和网上挂号平台后，你可以在家里选择你要去的医院、看你认为最好的医生，预约挂号看病。如果不知道你的病需要看什么样的医生，可以通过导诊询问，请他指导你挂号；还可以通过百度寻找你所在的城市或者你想去的城市的医院，打开它们的网站，选择你认为好的医生，点开网上挂号系统挂号，到时你就可以直接去看病了。支付宝页面点击城市服务，进入"挂号"页面，选择需要的功能。

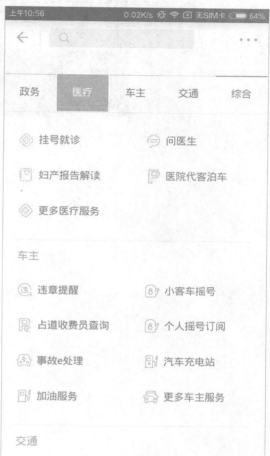

二、生活服务

当智能手机安装了支付宝、微信等网上金融软件，点击城市服务，只要打开生活缴费这些软件的链接窗口，找到水、电、煤气的网上支付平台，填写你的水表、电表、煤气表的号码，建立自己的账户，设置密码就可以缴费（具体步骤应根据智能手机的提示操作）。

第四节　气象平台

你还可以通过下载气象平台，随时随地了解你所在地方的天气情况，也可以了解未来几天的天气预报，为你生产、出行提供参考。目前人们常用的气象平台有中国天气网、墨迹天气手机版等。

使用 360 手机助手，下载、安装气象 App 软件。完成后就可以使用。这些天气网站，可以为农民种植、养殖生产提供科学的气象条件情况，使我们减少因为天气带来的损失，也为农业生产减少天气灾害提供了早预防、早保护的条件。

这些天气网站，还能够为你提供所在地方的空气质量，随时随地发布天气情况，也可以帮助你了解你要去的城市的现时或者几小时后的天气情况，为你的出行提供帮助。

第五节　法律实用工具

"口袋律师"是一款提供法律咨询的 App。相比于传统的法律咨询服务，口袋律师注重于帮助用户定位问题、分析问题，尽快耐心细致地回答用户的法律问题、降低用户解决问题的成本。口袋律师的用户无须担心心仪的律师是否忙碌，无须担心挑选的律师不擅长自己的问题，担心律师收费不透明。只需要简单的选择后提交订单，就会有符合条件的专业律师抢单来为您服务，让用户随时都能从口袋中找到律师。

①当自己遇到法律问题，需要咨询律师的时候，不知道怎么办时，通过 360 手机助手，下载"口袋律师"App、安装后，点击"我的"按钮，进入一个登入页面注册，点击"60 秒找律师，进入咨询分类"。

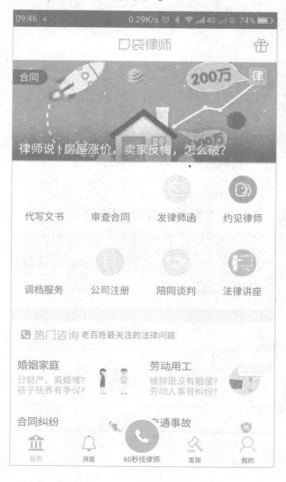

②如果不清楚自己属于哪类问题，点击"不清楚分类 直接问律师"。

③选择咨询方式，不同的咨询方式费用不同。

④通过点击"消息"按钮，进入消息页面，有您咨询的问题，律师给出的反馈建议。

第六章　智能手机应用工具

一、网络社交

互联网催生了一种全新的人类社会组织和生存模式，它构建了一个超越地球空间、时间的，巨大的网络群体，这些人正在聚合为新的社会群体。

互联网联结起来的是电脑、智能手机，其中，流动的是信息，开发出来的是资源，但吸引的是电脑、智能手机前面的人。在本质上它是一种"人"的网络。

以互联网为基础的交往，是直接的互动，又是全面的内在交往。网络交往的实质是一种联结不同网络终端的人脑思维的虚拟化、数字化的交流和互动，具有不同以往任何社会形态的两面性。网络社交具有虚拟特性，如姓名、性别、年龄、工作单位和社会关系等都被"淡化"了，人的行为也因此具有了"虚拟实在"的特征。网络社交具有多元特性，网络信息的全球交流与共享，使人们可以不再受物理时空的限制自由交往，他们之间不同的思想观念、价值取向、宗教信仰、风俗习惯和生活方式等的冲突与融合变得可能。网络社交具有创新特性、自由特性、异化特性。因此我们在利用网络开展社交时要注意把握自己，体现自己的独立思考，传播正能量，为净化网络环境作贡献。

目前，人们常用的网络社交工具有微信、QQ 手机版、QQ 手机邮箱等，都以休闲娱乐和言论交流为主要特征，最终都是帮助使用者打造网络关系圈，这个关系圈越来越与网民个人日常生活的关系圈紧密相联。

（一）微信

使用 360 手机助手；下载手机微信 App 软件；安装软件；注册；填写姓名、手机号，会接收到验证码（验证码一般在 30 秒内有效），接收到验证码后立即填写，然后就可以设定密码两次；提交，待完成后就可以使用。

（二）QQ 手机版

使用 360 手机助手；下载 QQ 软件；安装软件；注册；填写姓名、手机号，会接收到验证码（验证码一般在 30 秒内有效），接收到验证码后立即填写，然后就可以设定密码两次；提交，待完成后就可以使用。

（三）QQ 手机邮箱

一般操作系统都带有邮箱。只需要直接点开邮箱官网下载软件、安装软件；注册；填写账户名、手机号，会接收到验证码（验证码一般在 30 秒内有效），接收到验证码后立即填写，然后就可以设定密码两次；提交，待完成后就可以使用。

智能手机安装了微信、QQ、E-mail 等社会交往软件后，可以对你熟悉的亲人、朋友、同事开展不受时间、空间限制的交流。

目前人们最喜欢用的是微信、QQ 手机版、QQ 手机邮箱等。在无线网络的支持下，可以利用微信、QQ 通话、聊天、发文件、传照片、视频，沟通情况，交流思想，统一看法，共同完成一项工作等，给人们带来了丰富多彩的日常生活。

网络不仅向人们提供了更多的信息，还提供了广泛的人际交流机会，提供了一个拓宽社会关系新的交互性的空间。网友们通过学习、交往和借鉴，达到沟通、理解的目的。我们还可以通过智能手机办公、去网上学校学习，和网友共同讨论学习中的问题。

二、理财

（一）手机银行

点开你要安装的银行官网；下载手机银行软件；安装软件；注册；你的银行卡号为账号、银行会发验证码给你的手机（验证码一般在 30 秒内有效），接收到验证码后立即填写，然后就可以设定密码两次；提交，待完成后就可以使用。

手机银行是银行开放的通过无线网络为客户办理银行业务的专业网络平台，银行所有的业务都可以通过手机操作完成。

（1）进行账务查询　你可通过手机查询自己的银行账户余额及最近的历史交易情况。

（2）缴纳费用　你可直接在手机上查询和缴纳手机话费等各类费用。

（3）银行转账　你可通过手机进行资金转账，还可开通"外汇买卖""证券服务"等更多金融服务项目。

手机银行的系统采用严密的"双重保护"技术，所有数据全封闭传输，绝不外传。

具体业务种类和开放范围，请见相应银行的《手机银行手册》或向相关银行查询。

（二）支付宝

使用 360 手机助手；下载软件；安装软件；注册；你的手机会接收到验证码

（验证码一般在 30 秒内有效），接收到验证码后立即填写，然后就可以设定密码两次；提交，待完成后就可以使用。支付宝需要绑定一张银行卡卡号。

支付宝（中国）网络技术有限公司是国内领先的第三方支付平台，致力于提供"简单、安全、快速"的支付解决方案。

支付宝公司从 2004 年建立开始，始终以"信任"作为产品和服务的核心。旗下有"支付宝"与"支付宝钱包"两个独立品牌，目前已经成为全球最大的移动支付平台。

支付宝主要提供支付及理财服务，包括网购担保交易、网络支付、转账、信用卡还款、手机充值、水电煤缴费、个人理财等多个领域。在进入移动支付领域后，为零售百货、电影院线、连锁商超和出租车等多个行业提供服务。支付宝还推出了余额宝等理财服务。

支付宝与国内外 180 多家银行以及 VISA、MasterCard 国际组织等机构建立了战略合作关系，已成为金融机构在电子支付领域最为信任的合作伙伴。

支付宝官网：https：//www. alipay. com/

（三）微信支付

微信支付是集成在微信客户端的支付功能，用户可以通过手机快速完成支付流程。微信支付以绑定银行卡的快捷支付为基础，向用户提供安全、快捷、高效的支付服务的平台。

微信支付

　　腾讯公司发布的腾讯手机管家 5.1 版本为微信支付打造了"手机管家软件锁"，在安全入口上独创了"微信支付加密"功能，大大提高了微信支付的安全性。用户只需在微信中关联一张银行卡，并完成身份认证，即可将装有微信 App 的智能手机变成一个全能钱包，之后即可购买合作商户的商品及服务。用户在支付时只需在自己的智能手机上输入密码，不需任何刷卡步骤即可完成支付，整个过程简便流畅。

　　目前，微信支付已实现刷卡支付、扫码支付、公众号支付、App 支付，并提供企业红包、代金券、立减优惠等营销新工具，满足用户及商户的不同支付场景。

　　开通微信支付流程：

　　①首次使用，需用微信"扫一扫"扫描商品二维码。

　　②点击立即购买，首次使用会有微信安全支付弹层弹出。

　　③点击立即支付，提示添加银行卡。

　　④填写相关信息，验证手机号。

　　⑤两次输入，完成设置支付密码。

　　微信支付（商户功能），是公众平台向有出售物品需求的公众号提供推广销售、支付收款、经营分析的整套解决方案。

　　微信支付公众号开通微信支付流程：

　　商户通过自定义菜单、关键字回复等方式向订阅用户推送商品消息，用户可在微信公众号中完成选购支付的流程。商户也可以将商品网页生成二维码，张贴在线下的场景，如车站和广告海报等处。用户扫描后可打开商品详情，在微信中直接购买。

第七章　安全使用智能手机

日常使用智能手机的过程中，始终存在着安全隐患，因此，除了在使用过程中注意外，还必须依靠安全软件来防范。手机卫士是为广大用户提供手机基础安全服务的永久免费软件。主要提供的功能有：一键体检；流氓软件的扫描、监控及卸载；手机性能优化；上网流量统计及联网监控。由于操作系统的不同，智能手机的安全软件也有不同的版本。

第一节　危害智能手机的因素

在智能手机上网使用中经常会被病毒软件、插件等危害。

一、手机病毒

手机病毒是一种破坏性程序，与计算机病毒（程序）一样具有传染性、破坏性。

手机病毒可利用发送短信、彩信、电子邮件，浏览网站，下载铃声，蓝牙等方式进行传播。手机病毒可能会导致用户手机死机、关机，资料被删，向外发送垃圾邮件，拨打电话等，甚至还会损毁 SIM 卡、芯片等硬件。

二、恶意手机插件

恶意手机插件是除了软件自身程序外，黑客或者非法厂家对程序实行重新打包，加入一些危害用户的可执行文件。主要体现在：自动扣费、收集用户信息或其他损害手机系统的插件（程序）。

三、手机暗扣

暗扣软件指未经用户主观意愿同意就发生扣费的软件。一般具有如下特征：安装后或启动软件后无任何资费提示即开始扣费；部分客户端安装后不会立即扣费，而是延时或不定时扣费，让用户很难察觉；资费提示模糊不清，误导用户点击收费按钮；资费提示弹出时，软件左右菜单设计中无返回/退出按钮，误导性地强制用户点击收费按钮。

第二节　案例解析

案例一

某女士经常网购，最近找到一家网店承诺购物能返100元的红包。她挑选了一件500元的毛衣，并询问卖家如何获得红包。卖家给她发送了一个二维码，并称只要扫描该二维码，就可以获得红包。她扫描后发现，红包界面并未出现，怀疑自己遇到了骗子，于是急忙联系卖家，可卖家已下线。不久之后，她发现自己的银行卡被盗刷，就立即报了警。经警方调查，当时扫描的二维码中含有木马病毒，盗取了她的银行卡信息。

不法分子提供的二维码其实是一个木马病毒的下载地址，这种病毒被下载后，可以自行安装，并不会在桌面上显示任何图标，而是潜伏在移动终端后台中运行，持卡人的信息就会悄无声息地被盗取。

应该尽量选择信誉度比较高的正规商户，不要轻信商户发送的链接、压缩包、图片和二维码等。谨防"山寨"应用软件，在扫码前一定要确认该二维码是否出自正规的网站。一些发布在来路不明的网站上的二维码最好不要扫描，更不要点开链接或下载安装。在移动终端安装杀毒软件等相应的防护程序，一旦出现有害信息，可以及时提醒和删除。

案例二

某先生为了上网方便，在手机里设置了自动连接WLAN的功能。某晚该先生在外吃饭，搜寻到一个不用输入密码直接登录的免费WLAN，某先生就登录了手机网银，并输入了自己的卡号和密码查询银行卡账户余额。次日凌晨时分，某先生被短信提示音吵醒了，通知他的银行卡被消费了2 000元；随后半小时内，又接连收到银行卡被转账或消费的信息。

不法分子会在公共场所提供一个免费WLAN，持卡人使用后，极易被植入木马病毒，被盗取移动终端内的银行卡信息。除此之外，不法分子会将正规网站的网址绑架到自己的非法网站上，当持卡人使用其WLAN网络并输入正确网址时，会跳转到一个高度仿真的假网站。如进行网络支付，就会导致银行卡信息泄露。

案例三

某女士收到一条显示为"10086"发来的短信，称其获得手机积分奖励，可兑换奖品，并附上了一个链接。某女士点击该链接后在页面上输入了银行卡信息及手机号，并按网页提示点击下载并安装了一个"积分兑换客户端"的应用，但安装后却无法正常打开，某女士也没有在意。第二天，某女士用卡时提示卡内余额不足，查询发现银行卡在前一晚发生了多笔大额交易。某女士赶紧报案，但已造成损失。

某女士收到的短信是不法分子利用伪基站冒充 10086 发送的，短信中的链接其实是一个"钓鱼网站"，而下载的客户端实际上是一个木马病毒。不法分子利用木马病毒窃取银行卡信息并进行网络购物，同时将发送到某女士手机上的短信验证码转移到了自己的手机上，从而完成支付。

不法分子能利用伪基站冒充任意号码发送短信，因此即使收到中奖、软件推荐等显示为官方号码发送的短信，仍需保持警惕，建议回拨进行确认。木马病毒往往会伪装成其他应用，并通过"钓鱼网站"、短信、图片、邮件、压缩包、聊天软件等方式传播，建议不要随意点击来历不明的应用软件等内容。安装防火墙及杀毒软件，定期杀毒并定期更新系统补丁，保护移动终端安全。网银支付类应用要到官方网站下载。开通短信通知服务，账户发生异常变动后，及时联系银行，封锁账户或挂失银行卡。

第三节　重视上网安全

一、在官网下载软件

在使用智能手机的时候，每个人的工作、爱好、兴趣不一样，因此操作系统带的工具性软件不一定满足你的需要，都会继续安装一些自己需要的软件，完善功能。

需要特别注意的是，下载软件必须到软件官网，否则可能会被插入病毒或者垃圾软件，轻者手机运行变慢、信息泄露；重者手机被控制、资金被偷盗。

二、不点击来历不明的链接地址

短信、微信、QQ 发来的链接地址要慎重对待，不要轻易点击，更不要在未经确认来源可靠的情况下同意安装。

三、经常更换密码

使用智能手机在淘宝、微商城开店，去淘宝、京东购买东西，向朋友支付资金、借账还账这是经常要做的事情，怎样做才能更加安全？这就需要经常更换密码。如果使用频率高，更换的频率也要快。这样能避免被别人盗用或者掉入钓鱼网站陷阱。对于苹果手机，一定要自己掌握 Apple ID 和密码，不要让销售人员代为注册、代为安装应用软件。

四、外出不用免费网络

在家里，智能手机应该使用家庭 WLAN 上网，减少移动数据网络使用，从而降低流量费用。到朋友单位，要使用有密码设置的 WLAN 上网。在外一定要使用自己的数据移动网络上网，注意不要使用没有密码的不明不白无线网络，防止他人通过网络盗取你的信息、银行账户等。

五、不收来历不明的红包

为了活跃微信群，现在有些人经常在群里发红包，或朋友之间互相发红包玩玩。注意，有一些不良分子会利用发红包的机会，盗取你的信息和资金账户、密码，实施网络偷盗，我们千万不要在不熟悉的群里收红包，因为这个红包可能就是一个陷阱，不要贪小失大。

六、在专业官网上缴费

智能手机为我们解决了日常生活中水、电、煤气、电话、网络流量等需去排队缴费的困难，现在我们可以直接在手机上缴费了。注意在缴费的时候，必须上专业官网。如缴水费，上水务公司官网，打开收费窗口，输入水表账号，按照使用情况缴费。必须核对账户、使用情况后才能支付，否则你可能是在替别人缴纳费用。

七、不定期使用手机杀毒软件

手机上网会带来一些插件、病毒、垃圾软件，不定期地使用杀毒软件清理垃圾软件、插件和病毒，能保证你的手机处在健康的运行环境中，达到安全使用的目的。

第四节　智能手机安全工具

一、360 手机安全卫士

360 手机安全卫士可以在 Symbian、Android、iOS、WP8 操作系统上运行，是全球第一款提供人性化手机体检功能的安全软件。它的手机体检报告可以让用户清晰了解手机的健康状况，并引导用户通过磁盘整理、开机自启程序管理、软件管理、垃圾清理等一系列优化工具，达到提升手机运行速度、节约电耗功效的目的。更有独一无二的手机急救包，及时解决手机出现的耗电猛增、自动狂发短信等紧急状况，全面保障手机安全。功能介绍如下。

（1）杀毒　快速扫描手机中已安装的软件，发现病毒木马和恶意软件，一键操作，彻底查杀。联网云查杀确认可疑软件，获得最佳保护。

（2）体检　随时为你检查健康状况，一键快速清理。

（3）备份　备份通讯录、短信、隐私记录。手机卫士设置到 360 云安全中心，随时恢复，方便转移数据到其他手机，手机被盗也不怕，从此拥有一个无限量的云存储空间。

（4）防盗　更换 SIM 卡，自动下发短信通知至指定手机号码。

（5）统计流量　统计 GPRS、3G 和 WiFi 各种流量数据，清晰展现，累积显示当月使用量。让你完全掌控流量使用情况，防止超额使用之后产生高昂的费用。

（6）拦截　将垃圾短信和骚扰电话添加到黑名单，帮助拦截各类骚扰；垃圾信息和骚扰通话记录提供图标提醒，避免打扰你；灵活的设置拦截规则，可以自己量身定制防骚扰方案。

（7）软件管理　卫士推荐，推荐安全的软件产品；软件升级，为已安装软件提供检测更新，一键升级；软件卸载，对已安装软件进行卸载；安装包管理，扫描、管理手机中的安装包，并提供一键安装功能；软件搬家，根据手机权限，将软件移动到 SD 卡，节省手机内存。

二、手机安全卫士腾讯管家

（安卓）　　（苹果）

手机安全卫士腾讯管家可以在 Android、IOS 操作系统运行。腾讯手机管家是一款完全免费的手机安全与管理软件，以成为"手机安全管理软件先锋"为使命，在提供病毒查杀、骚扰拦截、软件权限管理、手机防盗等安全防护的基础上，主动满足用户流量监控、空间清理、体检加速、软件管理等高端化智能化的手机管理需求，更有"管家安全登录 QQ""秘拍""小火箭释放内存"等特色功能，让你的手机安全无忧。腾讯手机管家不仅是安全专家，更是你的贴心管家。

第八章　微信的使用与微信营销

第一节　微信的使用

一、微信的实用功能介绍与使用：微信搜索栏

微信大家都会用，是生活中的一部分。但是微信有一个非常强大的功能，那就是搜索功能，可能知道的人不多。微信强大的搜索功能除了可以搜索联系人和群之外，还可以搜索到包括朋友圈内容、文章内容、聊天记录，甚至可以找到自己需要的农技专家服务的公众号，点击关注它，咨询我们想要的内容。

操作步骤：

①聊天界面点击放大镜即是搜索功能入口。

②随意输入关键字搜索。例如输入关键字"水稻病虫害"后。点击"搜一搜"栏。

③这时出现了最新时间发布的很多不相同的水稻病虫害预防预警、防治方法的文章。这些文章主要由权威的农业部门、专家发布，对农民朋友来说非常实用。

二、微信朋友圈

"微信朋友圈指的是腾讯微信上的一个社交功能，用户可以通过朋友圈发表文字和图片，同时可通过其他软件将文章或者音乐分享到朋友圈。用户可以对好友新发的照片或留言进行"评论"或"赞"，用户只能看相同好友的评论或赞。

"朋友圈"是一个彰显个性的地方，同时也是一个传播信息的渠道。在这一功能中，人们可以用"照相机"按钮分享图文，也可以通过长按"照相机"按钮发表纯文字信息，还可以将自己喜欢的信息链接分享到"朋友圈"中。

有人曾经这样说过：微信"朋友圈"就是一个江湖，里面既有卖药的，也有卖艺的，可谓是五花八门。无论人们在"朋友圈"里卖什么，这种说法都从侧面反映出一个事实："朋友圈"潜藏巨大的商业价值。微信推出的"朋友圈"功能是一个类似朋友网的应用。首先，它上面的好友大部分都是人们生活中关系比较紧密的人，彼此之间的信任度较高，因此圈中分享的信息也更容易被接受；其次，它添加好友的数量没有上限，朋友数量多了，信息的曝光率自然会得到提升；最后，因为微信是一款移动应用软件，这让朋友之间的互动变得更加快捷、方便。对那些嗅觉敏锐的商家来说，散发着浓郁商机气息的"朋友圈"自然就成了它们不可或缺的营销渠道。尽管商家在这一功能中处于被动地位，但是只要运用好了，那么其病毒式的传播效应将会给商家带来巨大的收益。

1. 朋友圈里隐藏的营销技巧——朋友圈的商业模式

"要不你加我微信吧。"

"不如我们上微信聊吧。"

"你看看我发的朋友圈。"

诸如此类的对话常常出现在你我的现实生活中，微信俨然成为当今社交的热门方式，每个注册了微信账号的人，或多或少都会通过微信来取得社交联系。根据腾讯发布的财报资料显示，截至2014年第三季度，微信月活跃账户数已经达到4.68亿，同比增长39%。

4.68亿！这个庞大的数字意味着什么？意味着我们的客户都在用微信。翻开你的朋友圈看看，不难发现有相熟或不熟的朋友都在做自己的小生意，其火热程度已经有向淘宝发展的趋势。那么，为什么这么多的人选择在朋友圈上做生意？交易方便是其中一个主要原因。

微信具有社会性网络服务（SNS）的天然属性，假如客户看中你在朋友圈发布的商品，他可以直接通过微信私聊，而不用再切换其他的聊天工具，这大大增加了交易的便捷性。而且，微信的私密性很强，评论你的两个人之间不是好友关系的话，他们在朋友圈里是互相看不到对方的评论的。这意味着，如果A评论你的商品是水货而不是行货，B也看不到。

除此之外，玩朋友圈的人都有一个共同点，就是喜欢分享。随拍随传已成为一种潮流，当你的客户收到你给他寄的商品时，出于热爱和兴奋之情，会顺手分享你给他发的商品。可别小看这一朋友圈分享，这其实在无形中为你的商品做了一次免费的推广。

值得一提的是，无论别人看不看你的朋友圈，你发出的商品文案、商品描述以及商品图片等就在那里，朋友圈的分享就是那么多，他利用碎片化的时间就能看完有限的资源。而且你时常发布新的商品和描述等信息，也会让你在他的朋友圈里混个脸熟，即使他一时半会儿不购买你的商品，也知道有你这个人的存在，这无疑给你添加了一个潜在客户。

一般来说，传统电商的经营模式是固定的，以淘宝上的各种网店为例，要培养回头客是一件比较困难的事情。基本上这次交易做完了，也就基本了事，很难再与顾客有联系。而微信比传统电商多了一个优势，那就是客户绑定。当你的客户在朋友圈里发布内容时，你可以随时和他们互动，即便只是点个赞，或者在下面评论，抑或两者皆做，你都在积极维护与顾客之间的关系，为你的微信营销打下必要的基础。

所以，虽然微信营销前期见效慢，但只要你通过一段时间的努力维护与巩固，客户的转化率和二次消费就会大大提升。因为通过朋友圈，你和客户不再是互不相干的陌生人，而是在一定程度上成为朋友。你这样做的同时，其实也是在帮自己节省维护客户的成本。

懂营销的人都知道，老客户能够帮你寻到新客户，通过口碑传播、互相介绍，你可以迅速扩展新客户。因此，当你的客户群达到一定规模后，你只需把产品和服务做好就行了。

在互联网电商中流传着这样三个关键词：流量、成交、转化率。这三个词同样适用于朋友圈营销。有人的地方就会有消费，你的生意不一定在朋友圈里做，也有可能在 QQ 空间里进行，在陌陌、来往等软件上销售也可以，只要能形成流量，你的销售就完成了最基本的部分。

当然，别忘了还有一个重要的数据：转化率。提高转化率很重要，这能看出你的流量和成交是否成正比，这样你就能看出你的营销推广到了什么程度。

在朋友圈里做营销，转化率比你在其他平台上做营销要高得多，因为你平时都在大力维护你和客户之间的关系，自然能够事半功倍，这也成为你在朋友圈上营销的有力手段。

总体来说，朋友圈的商业模式可分为以下几类。

①利用微信天然的 SNS 属性，与客户建立关系。

②通过微信的社交性，积累老客户，而且可以通过老客户发展新客户。

③通过平时维护新老客户的举动，提高转化率。

2. 如何给朋友圈里的客户留下好印象

如果你是在朋友圈里做买卖，那么编辑好你的个性签名或者个人微信头像很重要。为什么这样讲？因为你的个人或机构信息往往代表了你在客户心中的形象，这是你给客户的初步印象，留下良好的第一印象会让你在后面的营销中事半功倍。

不要忘了，我们现在做的是微信营销，如果拿微信营销和淘宝买卖做对比的话，你会发现两者有着本质区别。在淘宝买卖中，90%的买家只会对商品描述、用户评价、店铺的信用指数、服务态度等方面感兴趣，而对店铺背后的掌柜或者说老板完全不感兴趣。即使有买家专门冲着店铺的掌柜去买东西，那也是极少数。

当然，随着淘宝网的发展，现在淘宝上也有店铺开始走这一路线，例如"子曰"茶店背后的老板是微信公众号"不止读书"的主编，这样的工作为他积累了不少粉丝，许多粉丝都会冲着他这个人而去买他的产品。事实上，他的产品也做得很好，无论是店铺装修还是产品包装，都非常符合当下年轻人的潮流和口味。还有别的一些店铺，例如"木木三""尺渡""胡公子"等，都属于个人色彩浓厚的店铺，买家都是冲着掌柜去买的。一般而言，这些买家属于粉丝性质，忠诚度比其他买家高，淘宝店铺里的评价自然也会好评居多。尤其是那些小而精美的店铺还有许多原创服装品牌，买家都是忠诚度很高的一群人。

回过头再来看微信朋友圈这个营销平台，你会发现既没有店铺装修也没有用户评价，更谈不上店铺信用指数、缴纳的保证金等。你做微信朋友圈营销，从很大程度上来讲是靠个人名誉来做买卖，这就要求你的个人形象必须要正面、积极向上，使得你朋友圈里的朋友对你产生信任，从而购买你的产品。因此，一个好的微信名加上一个好的头像对于你建立朋友圈里的信任度至关重要。这不仅仅是对个人而言，企业机构也同样适用。

假设每天都有数十上百的人加你微信，而你又不认识这些人或者不熟悉，你在考虑是否加对方之前通常都会先看看他的微信名称和个人头像。可能这些人的用户名和头像会像QQ名字那样千奇百怪、富有个性，不要说你一开始就能记住这些人的昵称和头像。即使是和他们聊过几次，你也不一定记得他们的头像和昵称。

所以作为商家，首先你的微信名绝对不能太复杂、太奇怪，最好用你的真名、艺名或者别人熟悉的名字。同样的，机构也可以用自己的品牌名、公司名或者要推销的产品名字也可以。最常用也是最容易让人识别和记住的，就是"真名+品牌"或者是"品牌+真名"这样的名字组合，往往能够成为你对外的一张名片，使客户对你产生良好的第一印象。

举个例子，如果你在丽江做客栈，那么你的名称可以叫"丽江客栈·小张姐姐"，这样客户在加你微信的时候会觉得你这个人真实，这样很容易建立起初步的信任。除此之外，你的名字也在无形中宣传了自己的公司品牌，可谓一举两得。

选好一个微信名称后，使用一个符合你名称的头像也很重要。许多人的头像跟名字、产品毫不相干，这样就不能做到头像和名字的统一，从而缺失一部分美感和逻辑，用户对你的印象也会因此大打折扣。

一旦你使用与自己的名称、公司品牌、公司产品相符的头像，就能在无形中建立起初步的信任，你的产品以及你这个人就会对用户产生辨识度。所以，用自己或阳光或帅气或知性的真人照片做头像，或者用你公司知名的产品、商标 logo 做头像，会比你用那些稀奇古怪辨识度不高的照片做头像更有效。

除此之外，还要注意微信朋友介绍里所在地区的设置。相信大家已经发现，许多人的微信地区介绍里都是一些偏远地区，或者是你从来没听说过的地方，什么阿尔及利亚、法属圭亚那、格陵兰岛等。这样做看似好玩，也吸引人眼球，实际上造成的影响很不好，如果你真的想向客户展现你真实的面貌，那么地区设置理所当然应该填上自己真实的所在地，而不是搞那些过于特色的东西。这是一个小细节，应该注意。

另外，权衡发布信息数量也是十分重要的。

假如你不是一个微商，而纯粹是一个微信用户，你肯定不想看到你的朋友圈每天都充斥着大量的广告，这样会令朋友圈变得越来越乏味。相反的，如果你每天都控制得当地发几条精心挑选过的朋友圈信息，你的客户自然会觉得你发送的内容有价值。

这就涉及一天应该发送多少条信息的问题。许多商家认为消息发送越多越频繁越好，其实这是不对的，掌握有效发布信息的数量才是最重要的。

首先，每天发布信息的数量不要超过 10 条，每次发送信息的数量不要超过 3 条。在这些信息当中，最好有 1~3 条是经过自己精心撰写的。另外的信息你可以选择转发一些好的公众号文章，这些文章可以跟你所处的行业、所经营的品牌有关。当然，这些带链接的文章也不宜多发，5 条之内是最好的。要知道，宁缺毋滥永远是最好的法则，这样才会让你的客户觉得你当天所发送的信息是你自己用心编撰过的，是有价值的。

其次，你可以在转发链接的文章里加上自己的评论，以及个人见解和感想，在不同的高峰期转发，让你的客户看见，这样既能增加你的曝光率，也能让客户感觉你很有内涵，很有上进心，进而认为你是一个可以交朋友的人，这在无形中提升了你的个人形象。

所以，朋友圈营销不仅仅是发布信息那么简单，发送多少条信息、发送什么内容都会对实际的营销效果产生影响。你要在每天有限的信息发布数量中塑造好自己的形象。长此以往不用你主动说明，朋友圈的客户就知道你是一个怎样的人，你是否值得信赖，如此你的产品自然就不怕无人问津了。

三、微信公众号

移动互联网时代是一个去中心化思维的时代，在移动互联网时代，每个人都可以是内容的生产者和传播者，微信目前有将近7亿的用户量（当下最流行的一种新媒体），传统企业和商家如何利用微信新媒体平台，把自己的产品、文化、活动传播到微信，这是每一个老板必须和马上要做的事情，很多人想，等一等、看一看，这里想说，机遇不可复制，也不会重来，做得越晚越不利于发展。所以说今天就教大家微信公众号的申请方法。

准备电脑（手机）一台/个人邮箱一个。

第一，我们要进入微信的公众平台官方网站。

首先，登录微信公众平台，在浏览器中打开网址：http：//mp. weixin. qq. com 点击立即注册。

第二，在立即注册里面，我们用常用的邮箱去注册，企业的话，最好用公司邮箱去注册，这样的话，使用起来安全。资料全部输入完成后，我们直接点击注册就可以了。

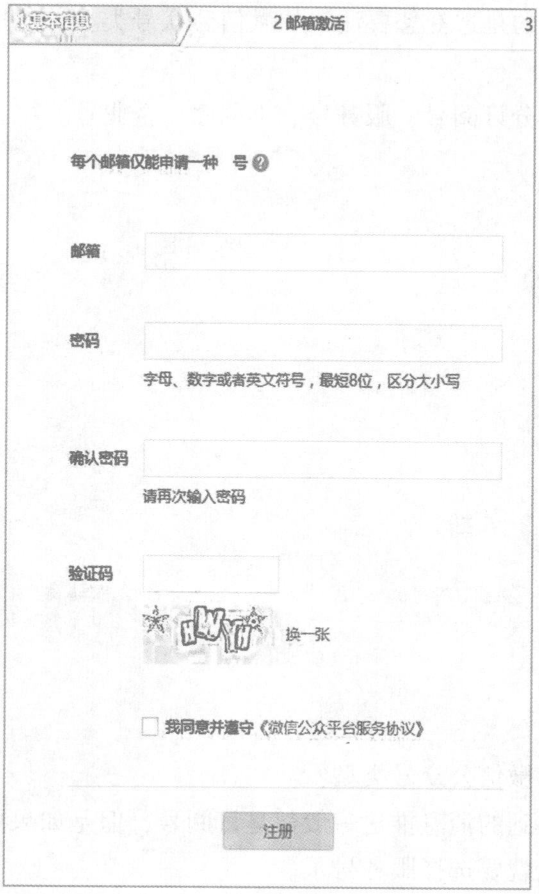

第三，接下来就要进行邮箱激活了，进入事先设定的邮箱里面，找到激活邮件，直接点击激活链接。

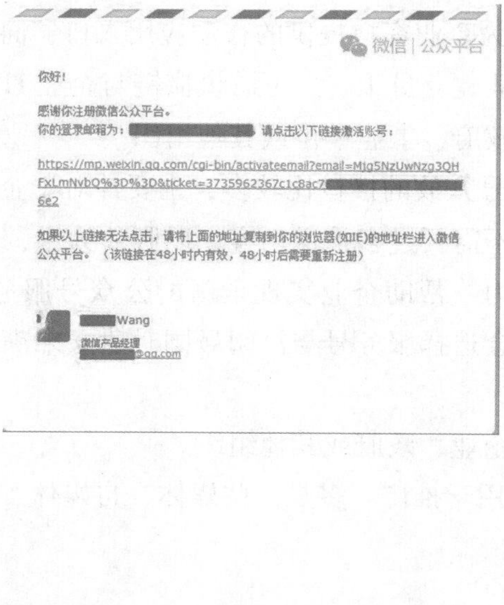

第四，最后重要的是选择您要注册的微信公众号类型，这里一定慎重一些，因为不可更改。

微信公众号主要分订阅号、服务号、小程序、企业号。

到底该如何选择微信公众号类型？

现在我们每天收到的消息推送一般都是订阅号，但是如果要特殊接口开发一些功能比如支付，那么就要选择服务号了。

最本质的区别：可扩展性：服务号>订阅号；推送信息数量：订阅号>服务号。应根据需要进行选择。

一般服务号有很强大的数据库管理系统，一周能够推送一次消息，订阅号每天可以推送一次，看你自己的需求。

（1）企业号　微信为企业客户提供的移动应用入口，简化管理流程，提升组织协同动作效率；帮助企业建立员工、上下游供应链与企业 IT 系统间的连接。

适用人群：企业、政府、事业单位或其他组织。

（2）服务号　服务号开放的接口比较多，主要针对于企业、以服务功能型为主的账号，功能强大，但不需要过多推送内容，以服务为主，给企业和组织提供更强大的服务与用户管理能力，帮助企业实现全新的公众号服务平台，如招行信用卡、南方航空。很多企业也会选择服务号与订阅号同时建立来满足不同的需求，主要用于服务。

适用人群：媒体、企业、政府或其他组织。

（3）订阅号　主要用于推广。多是一些媒体、自媒体、公司市场、品牌、宣传使用，为媒体和个人提供一种新的信息传播方式，构建与读者之间更好的沟通和管理模式。订阅号还分个人订阅号和企业组织类的订阅号，个人号无法认证，请申请企业类的账号，才能获得更多权限和排名的优化。

适用人群：个人、媒体、政府或其他组织。

（4）小程序　小程序是一种新的开放能力，开发者可以快速地开发一个小程序。小程序可以在微信内被便捷地获取和传播，同时具有出色的使用体验。

适用人群：个人、媒体、政府、企业或其他组织。

无论是选择订阅号还是服务号或者企业号，都要根据企业或个人的实际需求而定，自己的定位找好了，账号的类型也就好选了。

第五，都填写好提交后就等待审核，一般审核需要2~3天，通过后就可以成功地登录此服务账号了。

第六，设置微信公众号的头像和微信号，点击头像可以设置头像和微信号，方便用户查找。

第七，微信公众号自动回复设置，就是别人关注该公众号后就自动推送一个文字消息。

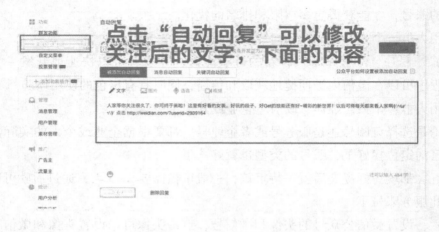

第八，微信公众账号消息推送和阅读微信公众号推送的内容，需要点击左边的"素材管理"里面的"新建图文消息"。编辑时可以插入图片、音乐、视频等内容。编辑好后可以发给自己微信预览一下，没问题就可以发送了，当然您也可以保存好，在每天一个固定的时间发送给用户。

在新建图文消息"模板"，可以编写标题内容和多种内容图片、视频等未发送的图文消息，可以多次编辑，但发送后不可更改。

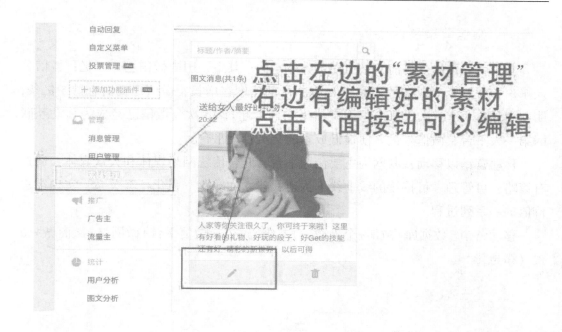

第二节　微信营销

　　微信营销是指在用户注册微信后，可与周围同样注册的"朋友"形成一种联系，订阅自己所需的信息，而商家通过提供用户需要的信息，推广自己的产品，从而实现点对点的营销。

再小的个体，也有自己的品牌

　　微信营销作为现代网络经济时代里企业或个人营销模式的一种，是伴随着微信的火热而兴起的一种网络营销方式。那我们接下来探讨一下微信营销的运行模式与其的优势。

一、微信营销是什么

营销就是传播。目前，微信用户突破6亿，其中，国内微信用户5亿；微信公众账户380万个，现在每天保持15 000个的速度在增长；微信每天信息量5亿条，朋友圈分享3.5亿次；每人每天微信平均刷屏超过16次。微信已经成为移动互联网第一大平台，微信是最方便最低成本的会员管理平台。

移动营销以移动互联网为主要沟通平台，配合传统网络媒体和大众媒体，通过有策略、可管理、可持续的线上线下沟通，建立和转化、强化顾客关系，实现客户价值的一系列过程。

移动营销=数据库+微信+个人微信+二维码+公众微信平台+微网站+微商城+微视（微电影）

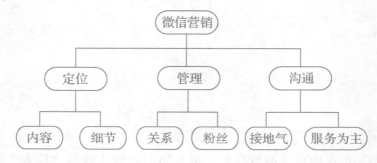

二、微信营销的操作模式

为什么要做微信营销？

小米科技创始人、董事长兼职首席执行官雷军说过："不做移动互联网的企业没有未来！"中国红木家具行业高级应用培训师、中国古典家具业网络推广专家、中国古典家具行业总监罗建也指出："今天的营销不只是媒体与创意，还变成了洞察、创意、平台的整合。作为微时代的企业，必须抓住新趋势，与时俱进！"

用户的方向决定企业的方向，用户都在使用移动互联网、都在用微信；科技趋势定企业的走向，趋势就是手机是未来最重要的终端，占领手机终端等于获得用户；手机是未来营销的主战场，占领用户心智就会赢得未来。

罗建军表示："去年7月第一届网络营销培训时，公众微信已经认证的红木企业只有几个；今年6月，认证的企业已经近百个。当然对比其他行业还是算少的，特别是既有微信又有微网站的企业更少，还有很大的上升空间。另外，企业微信一定要认证，犹如十年前的网站。未来公众微信极有可能会开通类似百度一样的精准搜索服务，早认证排名有优先。"

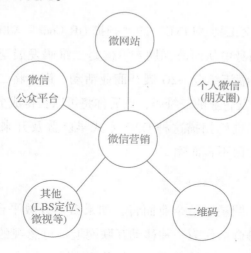

三、用微信营销的五种营销模式

1. 草根广告式——查看附近的人

用户点击"查看附近的人"后，可以根据自己的地理位置查找到周围的微信用户。在这些附近的微信用户中，除了显示用户姓名等基本信息外，还会显示用户签名档的内容。所以用户可以利用这个免费的广告位为自己的产品打广告。

营销人员在人流最旺盛的地方后台 24 小时运行微信，如果"查看附近人"使用者足够多，这个广告效果随着微信用户数量的上升，可能这个简单的签名栏会变成移动的"黄金广告位"。

2. 品牌活动式——漂流瓶

漂流瓶是移植于 QQ 邮箱的一款应用，该应用在电脑上广受好评，许多用户喜欢这种和陌生人的简单互动方式。移植到微信上后，漂流瓶基本保留了原始简单易上手的风格和功能。"扔一个"，允许用户发布语音或者文字投入大海中，其他用户可以"捞"起来展开对话；"捡一个"，则可以"捞"大海中无数个用户投放的漂流瓶，"捞"到后也可以和对方展开对话，但每个用户每天只有 20 次机会。

实际营销时，微信官方可以对漂流瓶的参数进行更改，使得合作商家推广的活动在某一时间段内抛出的"漂流瓶"数量大增，普通用户"捞"到的频率也会增加。加上"漂流瓶"模式本身可以发送不同的文字内容甚至语音小游戏等，如果营销得当，也能产生不错的营销效果。

3. O2O 折扣式——扫一扫

"参考"自国外社交工具"LINE"的"扫描 QR Code"功能，原本是用来扫描识别另一位用户的二维码身份从而添加朋友。但是二维码发展至今其商业用途越来越多，所以微信也就顺应潮流结合 O2O 展开商业活动。用户将二维码图案置于取景框内，微信会帮你找到好友企业的二维码，然后你将可以获得成员折扣和商家优惠。

移动应用中加入二维码扫描这种 O2O 方式早已普及开来，坐拥上亿用户且活跃度足够高的微信，价值不言而喻。

4. 社交分享式的"开放平台" + "朋友圈"

对于大众化媒体、明星以及企业而言，如果微信开放平台+朋友圈的社交分享功能的开放，已经使得微信作为一种移动互联网上不可忽视的营销渠道，那么微信公众平台的上线，则使这种营销渠道更加细化和直接。

5. 微信开店

这里的微信开店（微信商城）并非微信"精选商品"频道升级后的腾讯自营平台，而是由商户申请获得微信支付权限并开设微信店铺的平台)，截至 2013 年年底公众号要申请微信支付权限需要具备两个条件：第一必须是服务号；第二还需要申请微信认证，以获得微信高级接口权限。商户申请了微信支付后，才能进一步利用微信的开放资源搭建微信店铺。

四、微信营销的五大优势

（1）信息至用户终端的高到达率　网络营销效果的好坏，很大程度上取决于所推送的信息是否能准确到达用户终端。信息到达率＝到达用户终端信息数/推送信息数。在微博营销过程中，商家发布的微博很容易在用户信息流里面被淹没。但微信则不然，只要用户关注了微信号，每一条信息都以推送通知的形式发送，从而保证了信息可以百分之百地到达订阅者手机上。两者比较，微信完胜！

（2）信息的高曝光率　我们要知道，信息的到达率和曝光率不完全是一回事。比如之前的邮件群发，用户能接收到信息并打开邮件，这个推广信息才算是曝光在用户面前了。可我们都知道，很多邮件是直接进了垃圾箱或者收件人未打开阅读就直接删除了。然而，由于大多数人的微信好友数都比较少，且具有很强的提醒力度，如铃声、通知中心、角标等，这样通过微信所推送的信息，就有了高曝光率。如果所要推送的信息经过优化之后，基本可以达到百分之百的高曝光率。

（3）用户的高精准度　微信在沟通上具有便利性，加上所耗流量较小，现在已经成为或者超过类似手机短信和电子邮件的主流信息接收工具。商家为增加粉丝数量，会放出很多诱饵，诱导用户主动订阅，这样所增加的粉丝精准度非常高。此外，微信公众账号可以通过后台对用户进行分组，这样在推送信息时可以有针对性地实现精准消息推送。

（4）更有利于开展营销活动　微信在推送消息时不仅支持文字，还可以发送语音等。公众账号可以群发语音、图片和文字，认证之后，获得的权限更高，更漂亮的图文信息能进一步拉近与用户的距离，用户体验度得到提升。图文配合语音、视频，非常有利于开展营销活动，这种人性化的营销手段也促使微信营销能快速地被大众接受。

（5）有利于维护老客户　做营销的都知道，开发新客户的成本远远高于维护老客户的。由于微信的受众人群更加精准，推送信息的高到达率和高曝光率，企业可以大大节省客户运营成本。垂直行业和更细分行业利用微信营销能更加维护企业和客户的关系。能真正体现出"情感营销"精髓的，目前除微信外，别无二家。

五、微信营销的优点

（1）成本低、性价比高　组织、传播、管理、监控成本低，企业有意识、有规划地组建团队的成本也不高。

（2）投放目标用户精准，达到率高　由于用户在关注微信时已经明确标识了用户年龄、兴趣、爱好、年龄层等属性，可以更精准地根据用户属性投放内容；客户信息精准，以便我们更精准地配置营销资源。

（3）互动黏性强　由于微信平台的强互动性特点，可科学发布内容以达到服务营销并行的目的。

（4）用户管理便利　由于通过微信平台可便捷地获得很多用户详细资料，便于建立用户数据库，为持续营销和口碑营销做好准备。

（5）用户信用度高，易于传播　若公众平台及时对应微群运营得当，用户可以产生足够的忠诚度和使用黏度，对于推送的内容更容易接受，推广效果更好，且便于忠诚用户向他人分享推荐，传播性高。

（6）影响力强　例如一个人有 50 个粉丝，这 50 个粉丝里每个人又有 50 个粉丝，以此类推，你的一个微信可以影响多少人可想而知，且都是精准的圈子影响力。

六、微信营销怎么做

微信营销要解决的问题：CRM 客户关系管理、拉粉（开发新客户）、转化（购买转介绍）、培育（发展客户关系），可以概括为微信营销的 3 个阶段：拉粉、炒粉、吃粉。

1. 拉粉——线下推广

（1）企业的宣传材料（名片、宣传单、产品包装、杂志广告、画册、X 展架等）；

（2）用户广告（海报、灯箱等）；

（3）线下活动现场。

——线上推广

（1）微博、社区、QQ 群、QQ 头像；

（2）企业官网、论坛；

（3）软文、广告投放；

（4）导航站推广；

（5）微信群推广；

（6）线上活动（微信互动）。

2. 炒粉

所有的营销都是为了客户采取行动，完成拉粉后如何将各户转到店里或者购买公司的产品及服务呢？

（1）线上与线下活动配套；

（2）分不同主题进行（针对不同客户群体）；

（3）制定微信会员特权；

（4）鼓励客户积极传播，并制定相应的政策方案；

（5）针对客户的情况制定个性化的服务；

（6）让客户感觉你的好，同时也引导及影响客户；

（7）利用微活动的趣味性与客户互动，进而增加客户黏性，引导客服多次消费，拉近与客户的距离。

3. 吃粉

任何的营销都是为了获利，吃粉就是微信营销获利的表现。当微信的粉炒熟了，到了一定的程度，与企业建立了长期的合作共赢关系，就相当于你把这个粉丝吃了。吃粉也不能只求一时的利益，需要长远的眼光，在拉粉和炒粉的基础上去维护粉丝，才能真正长久地获得粉丝。

第九章　用手机销售农产品

手机开店常用的两个直销平台是手机微店和手机淘宝。

第一节　微店概述

一、微店的优势

开过网店的人都知道：在一些大型购物网站中，要想开设并经营好一家店铺，除了需要一笔资金搞装修，做直通车（点击付费模式），还需要缴纳不菲的消费者保障金。对于初次创业者来说，资金上的压力有点儿大。

但是没办法，只有"烧钱"，店铺成功的希望才会更大。很多时候，经营传统网店就像将一沓一沓人民币投入炉膛，去烧开你的那壶生意之水。不少人在烧到四五十摄氏度时，感觉前途渺茫，就放弃了。坚持下去的，有一些人烧到八九十摄氏度，却因为无钱可烧，不得不饮恨而退。而那些少数烧开了的，还要不停地烧钱，一停，水就会凉……

开过传统网店的小伙伴们，大概都有过这样的经历：通宵熬夜，费神费力，可进店的绝大多数人都只是过客，只浏览不下单。买了货的，也很有可能给个差评。更别提那些如幽灵一样防不胜防的差评师……

微店的诞生，为创业者们带来了新的曙光。

微店常见的经营模式为：消费者下单—微店受理—厂家发货—消费者收货。

微店不需要店主自己寻找和囤积货源，不需要店主自己处理物流，质量问题、售后服务也不必店主劳神，这些工作由厂家来做。无须花钱做店铺装修，无须缴纳保证金。这种模式让微店店主真正做到了零库存、零成本、零风险。当然，如果你有自己的产品，也可以放在微店卖。

如果运营得当，大量的微店粉丝会马不停蹄地帮你进行推广，他们日夜不知疲倦，并且不用你支付工资。微店不仅可以让店主轻松获利，而且对于上游生产厂家或批发商来说，也是大有裨益的。

作为生产厂家，只需要将自己生产的产品发布到云端产品库，很快就会看到无数微店开始推广自己的产品。厂家只要坐等微店店主发来发货订单并发货就可以了。

二、开微店的对象

创业的途径千万条，没有最好的，只有最合适的。从事不适合自己的事业，如同和一个不适合自己的人结婚，不开心，难长久。归纳起来，以下几种人是适合从事微店创业的。

（一）大学生

大学生时间充裕，精力旺盛。谈恋爱费钱，打网游费时（其实也费钱）。创业吧，经验不足，本钱不够。开一家微店怎么样？一方面可以赚钱，过上自给自足的"小康"生活；另一方面还可以积累宝贵的创业经验，一举两得。

说不定多少年以后，一位成功的商业大佬会这么说："世上哪有什么天才，我只不过把同学们打网游的时间用在开微店上。"

（二）应届毕业生

说到"毕业就是失业"，总是让一些应届毕业生泪奔。"我们只是待业而已。"他们会这样小心翼翼地辩解。

失业也好，待业也罢，不如开家微店创业。变"失业"为"实业"，努力将其打造成"事业"，是不是很有"高大上"的感觉？

（三）白领

大多数白领生活比较有规律，朝九晚五，双休，闲暇时间比较多，而且十有八九属于资深网民，刷微博、聊微信，样样精通。

顺便开一家微店赚点儿外快，等于找了一份不用花太多时间和精力就能赚钱的兼职工作。放心，这份兼职不会被你的老板禁止和反感——只要你卖的不是公司竞争对手的产品。

（四）家庭主妇

与以上几类人群相比，家庭主妇的闲暇时间更多。由于要照顾孩子，操持家务，所以家庭主妇们的闲暇时间都相对零散。如果想找一份零工来做，时间上不允许。不过，开一家微店的话，这些零碎的时间正好可以有效利用。

对于家庭主妇来说，开微店不仅可以打发一下闲暇的时间，更重要的是，可以帮助她在离开职场之后仍然做到经济独立。

（五）下岗职工

下岗，意味着失去工作，失去经济来源。大部分下岗职工，年龄都在四五十岁，再找份合适的工作相对比较困难。

一些下岗职工想选择自主创业，可是却苦于手里启动资金不够。有了启动资金吧，经验欠缺又是一个大问题。

对于这个群体来说，开一家微店相对保险。本钱极少，经营管理较为简单，文化程度很低、学习能力较差的人也能轻松掌握。

（六）实体店小老板

对于实体店小老板来说，开一家微店，相当于给生意开拓了一条新的销售渠道。加之自己可以解决货源，经营起来会比一般的微店店主更加得心应手。

（七）合作社、家庭农场主、农民朋友

对于合作社、家庭农场主、农民朋友来说，农产品自己有一手好的货源，质量和成本是自己控制的。开一家微店，相当于给自己辛苦种植养殖出来的农产品多了一条新的销售渠道，解决了农产品卖不上好价钱的尴尬局面。

当然，适合开微店的绝不仅上面这些人群，其实只要是对微店平台有兴趣的朋友，都可以尝试一下。

不要说自己没有时间，工作再忙，也会有闲下来的时候；也不要担心自己不懂怎么操作，只要会用手机，开微店就不成问题。

第二节　开微店的准备工作

一、准备好售卖的商品

选定了微店 App 之后，不要着急着注册。注册之后，店铺就开张了，因此在注册（开张）之前，想好是开个人微店或者企业微店。

个人微店是用个人身份证、银行卡认证。

企业店需要工商营业执照，对公账号。

最好先准备好售卖的商品，售卖商品的选择，对于微店的生存与发展至关重要。下面，我们来讲讲选择商品的六大原则。各位跃跃欲试的准店主，先"涨姿势"再谈赚钱。

（一）商品与目标客户匹配

微店开起来之后，很可能会出现这种情况：当你"众里寻他千百度"，终于找到了一款中意的商品并以最快速度上架，然后怀着激动的心情等待日进斗金时，却发现一个星期过去了，一个月过去了，商品没卖出去几件。

造成这种状况的原因，可能与商品本身有关，比如质量不过关、价格不公道等，但更大的可能是店主没有把自己的资源与商品进行有效匹配。

你的朋友圈子——包括微信、QQ 等好友，大致是一群什么属性的人，你的商品就应该围绕这些人的需求去设计。当然，你也可以先找准商品，再有目的地去开发对这类商品有需求的客户群，只是要在营销上多下点功夫。

无论如何，商品一定要与目标客户匹配。别去干把冰箱卖给爱斯基摩人的傻事，那只是一些营销培训师的臆想和噱头。

（二）选择当季商品

所谓选择当季商品，就是说要顺应消费者的需求变化。如果天空飘起了雪花，还有人在销售超短裙，那么这家微店就离关门不远了。

当消费者的需求随着各种主观或客观的因素发生变化时，店主一定要把握住时机，对商品进行相应的调整与更换，这样才能让微店受到持续关注。

（三）选择热卖商品

相对于一般商品，热卖商品更能吸引眼球，也能给微店带来更多的人气与销售额。所以选择热卖商品是一个不错的主意。

在选择热卖商品时，对进入的时机和未来的市场变化趋势要有一个清醒的认识。如果时机选择不当（比如市场已经趋于饱和），或者对市场预期不准（比如行情出现滑落），很可能会遭遇失利。

（四）避免商品的多样性

在选择售卖商品的时候，部分店主或许会这样想：销售的商品种类越多，客流量就会越大，营业额也会越高。这是微店经营中的认识误区。

微店不同于实体的超市，商品越全，对顾客越有吸引力。实践证明，集中一种单品进行销售的微店，其业绩要比那些销售商品种类繁多的微店高很多。

造成这种差异的原因在于：微店的商品种类太多会分散经营者的精力，店主难以保证在售商品的性价比；待客服务也因为自己不专业（种类太多，记不下来），很难做到有效推荐。

微店的核心竞争力在于"小而专，小而精"，在于拥有一群铁杆粉丝。

（五）选择性价比高的商品

相信大家都听过"性价比"这个商业名词，商品的质量除以价格即为性价比。

当然，质量没有一个精确量化的数字，只能是一个估摸数。

质量的分子越大，或价格的分母越小，该商品的性价比就越高，越容易受到消费者的欢迎。反之，性价比低的商品，相对会滞销。

性价比的高低，是店主在选择商品时必须慎重考虑的一个问题。比如，同样一件商品，在质量差异不大的情况下，当然要选择价格更便宜的那一种。

（六）理想的利润空间

开店的目的当然是赚钱，所以利润空间是必须考虑的。一般来说，微店的利润率若不超过 30%，生意就很难有理想的回报。

所谓利润率，其计算公式为：利润÷成本×100% = 利润率。根据笔者的调查，微店商品的利润率普遍高于 30%。特别是化妆品，利润率在 80% ~ 120%。

但利润率与利润不能画等号。因为对顾客来说，涉及性价比的考量。你的利润率太高，往往意味着顾客的性价比低。性价比低，商品自然走不动。

光有高利润率而没有销量，再高的利润率也是白搭。因此在薄利多销与厚利少销之间，要尽量做到一个平衡。

综合考量以上六点之后，相信你做出的决策会更加理性与科学。

二、四项准备工作

凡事都不能打无准备之仗。下面是注册微店之前的准备工作汇总。对照一下，你是不是已经万事俱备了？

（一）明确售卖商品

这个问题在上节已经详细阐述，在此不再赘言。总之，选定售卖商品是在开店之前必须确定的事情。当然，要做好这件事，必须经过细致的市场调研，同时还要根据自己的资源来选择。

（二）准备一部智能手机

开实体店需要商铺，开淘宝需要电脑，而开微店只要有一部智能手机就可以了，这也是微店之所以"微"的主要原因。

有一点值得注意：微店的营销推广工作以及与买家进行交流、沟通，会涉及微信、微博、QQ 等社交工具的应用，所以在开通微店之前，要把这些社交软件下载到手机上。

（三）准备一张银行卡

在开通微店之前，店主应该准备好一张用于收款的银行卡，并绑定在自己的微店支付功能上。

微店平台几乎支持所有类型的银行卡。

（四）下载 App 应用

微店经营——例如产品的营销推广、日常管理等，都将在你所选取的微店 App 上进行。

在微店 App 的选择上，店主一定要考虑全面，最好先对备选的微店 App 应用进行全面了解和综合评估。比如应用过程中是否得心应手，是否便于交易工作的顺利进行等，然后再进行选择。

当然，不要忘记参考我们在上一节所谈到的内容。除了上面为大家介绍的这些必备事宜之外，还有一些细节问题需要考虑。比如，提前想好微店的名称，提前准备好微店的头像等。

一切准备妥当之后，微店就可以华丽丽地登场了。

第三节　微店注册

微店有个人微店和企业微店两种。

1. 输入手机号码

同意微店平台服务协议和微店禁售商品管理规范，如图所示。

2. 接收短信验证码的手机号码确认

3. 设置登录密码

4. 创建店铺

上传头像，取一个自己喜欢的名字作为店铺名，开通担保交易，点击"完成"，如图所示。

5. 开店成功，如图所示

注意：微信企业店的开通，需要用电脑登录网页版微店（d. weidian. com），用个人微店账号登入后，点击"个人资料"。在页面上有个"转企业微店"按钮。

进入"转企业微店"页面，上传营业执照、银行开户许可证扫描件或者照片。

按要求填写资料。再按要求完成操作，进行下一步，直到注册成功。

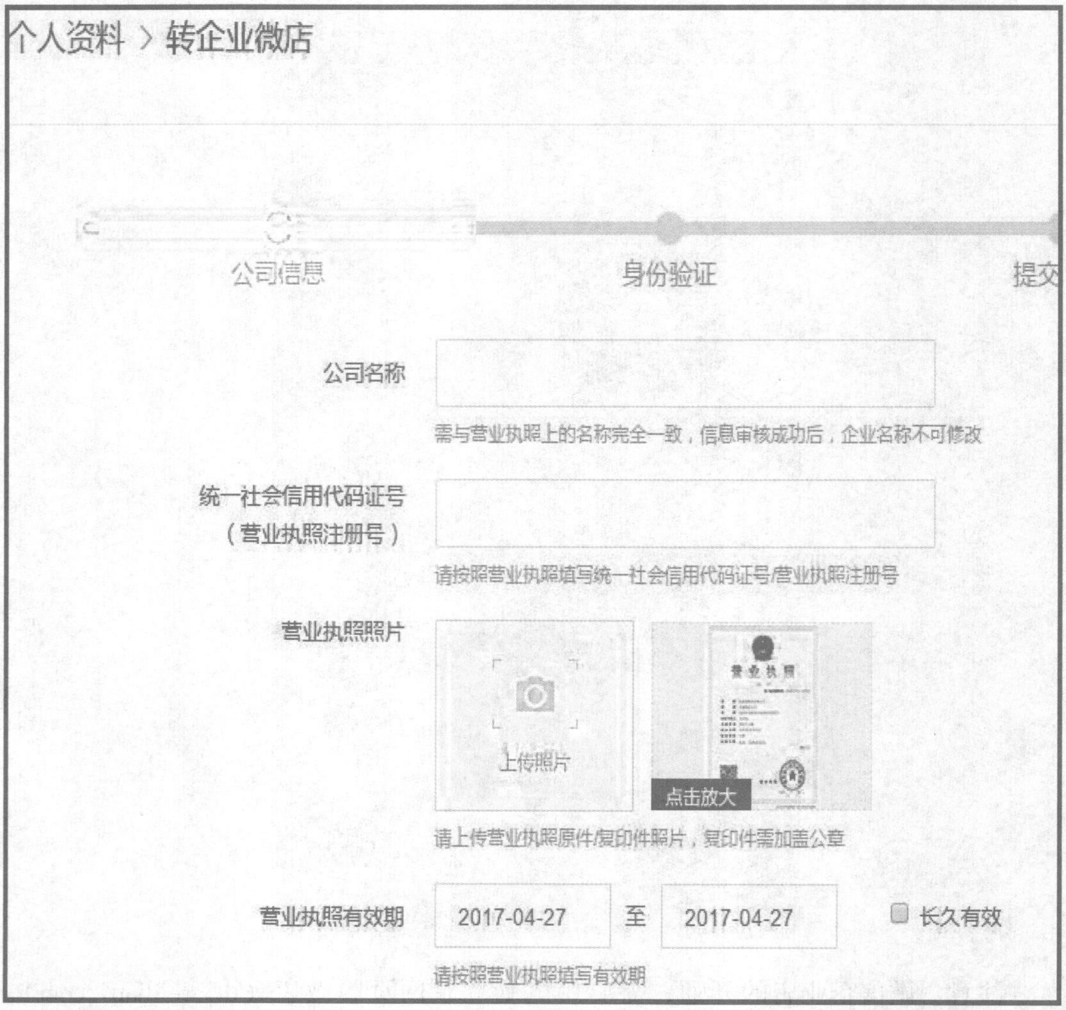

个人资料 > 转企业微店

公司信息　　　　身份验证　　　　提交

公司名称

需与营业执照上的名称完全一致，信息审核成功后，企业名称不可修改

统一社会信用代码证号
（营业执照注册号）

请按照营业执照填写统一社会信用代码证号/营业执照注册号

营业执照照片

上传照片　　点击放大

请上传营业执照原件/复印件照片，复印件需加盖公章

营业执照有效期　2017-04-27　至　2017-04-27　□长久有效

请按照营业执照填写有效期

6. 绑定银行卡

进入微店页面，点击"我的收入"，点击"绑定银行卡"，如图所示

7. 在认证页面，点击"去认证"按钮，进行实名认证，如图所示

8. 填写身份信息，绑定自己的银行卡，作为提现用，点击"实名认证并绑卡"完成。实名制认证成功！如图所示

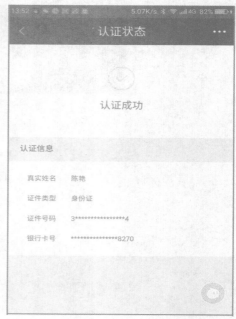

9. 在手机微店页面点击微店，进入"微店管理"，按要求开通各种服务项目

①点击店铺名，进入微店信息，上传自己的店标，头像、店长昵称、微信号、微信二维码、客户电话、主营类目、微店地址，添加微信号和微信二维码是为了方便和客户联系。

②点击"身份认证"上传实名制人的身份证件完成证件认证，证件认证了才可以开通直接到账项目。

③在微信中点亮微店。这样更有利于利用微信的推广店铺和产品。

④用电脑登录网页版微店（d. weidian. com），在首页找到"加入 QQ 购物号"，申请加入。注：QQ 购物号也就是 QQ 号。

第四节　商品管理

微店注册成功，就相当于店铺开业了。应尽快将商品上架销售，不要让你的店铺空置太久。一鼓作气，再而衰，三而竭。

商品管理是微店开通后的第二项至关重要的工作。微店只是一个展示商品的平台，商品才是最重要的内容。

如何将商品添加到微店平台并分享出去？

一、寻找货源很简单

前面说过，微店店主既可以卖自己的商品，也可以卖别人的产品，两种方法都有钱可赚。前者是赚利润，后者是赚佣金。

那么卖别人的产品该如何寻找货源呢？

微店平台都有一个单设的功能——"货源"。你不知道从哪儿进货不要紧，不想手里存货也不要紧，批发市场帮你全部搞定。你不但可以在一个海量的批发市场寻找中意的商品，还不需要你拿出真金白银进货，而且从商品发货乃至售后服务，批发市场的商户都可以帮你搞定。

去批发市场的路径如下。

①打开"微店"App 主页，翻到第二篇，会看见一个"货源"的图标。

②点击"货源"。进入该页面后，各位会看到三大板块，包括批发市场、转发分成和附近微店。

③点击"货源"。进入后，会看到销售各类商品的店铺，这里货物品类齐全，应有尽有，你可以尽情寻找自己中意的供货商和商品。

④找到自己感兴趣的供货商后，点击进入，可以看到各种店铺展示的所有商品。

⑤点击选中的商品，便会进入该商品的详情页面，看到该商品的详细信息。

当你有意添加某件商品后便可以点击商品详情页右下角的"联系卖家"按钮，和商家交流合作事宜，同时还可以让对方为你提供该商品的图片。商品详情页里也有商品的图片和其他详细信息，自己动手截图添加到微店也可以。只是手动截图的图片效果相对欠佳，清晰度不如供应商提供的图片。

在此顺便介绍一下"供货"。如果你有批量出货的能力，也想入驻批发市场，或者是想招代理，就可以通过它成为微店平台"供货"中的一员。点击这个按钮，你就可以出现在"批发市场"里了。

有一点值得注意，在点击"供货"后，店主需要用电脑登录微店网页版，才能申请成为"批发商"。

关于批发市场的内容就是这些。对于没有货源、不想存货的店主来说，借助"货源"这个功能，既可以分文不花开一家店，又可以免去发货与售后的诸多琐事，可谓省心又省事。

二、添加商品

怎样将你要售卖的商品放进微店中陈列呢？

①打开手机微店界面，点击桌面上的"商品"图标，进入微店的"添加新商品"界面。

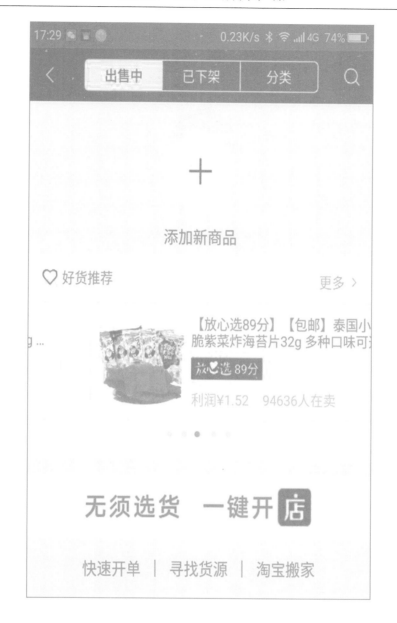

②这就是"添加新商品"环节了。是不是感觉这个页面很熟悉呢？是的，跟我们平时注册 QQ、微信时的填写资料页面十分相似（有头像，有名称）。这时你需要点击虚框。

③点击虚框之后，页面就会直接转到手机里的图库（自有商品照片需提前拍摄完成），从中选取你要上传的商品图片，然后点击"完成"即可。

④商品头像设置完之后，就会自动返回到添加商品页面。接下来继续填写商品资料，其中包括商品详情描述、商品价格、商品库存、运费等。商品详情可以用文字介绍、图片展示，效果更好。

另外，还能添加商品型号。比如如果是服装类商品，可以添加尺寸等信息。资料填写完整后，点击"完成"即可。

⑤如果感觉自己的产品好，点击"帮我卖货"可以开通供应商试用功能让分销商帮你卖货。

⑥到这里，商品添加环节就完成了。有一点值得注意：商品添加完成之后，不要忘了点击"分享"，把商品分享到各种社交平台上，让更多的人了解商品的信息。比如分享到微信朋友圈。

⑦分享完毕后，填写店长推荐和标签，页面会自动跳转回"我的微店"页面，这时候就会看见刚刚上传的商品出现在微店里。

按照上面的步骤，将商品一件件添加到自己的微店中，这时微店开始逐步进入经营状态，如下图所示。

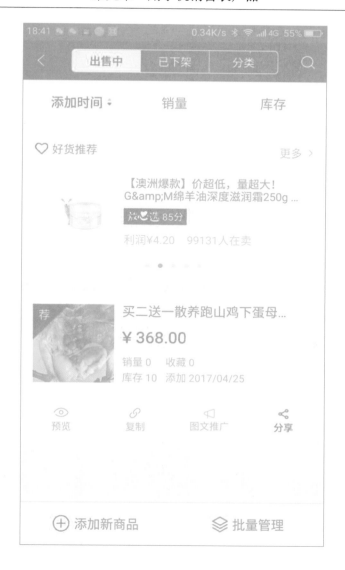

　　最后说明一下，目前市场中常用的微店 App 的商品添加，在功能设置与操作流程上大同小异。

　　⑧商品预览。添加完商品之后，为了保证商品的最佳展示效果，店主最好对商品进行预览，看看商品展示有没有缺陷。例如，商品名称是否完整、商品头像是否清晰，等等。如果发现有缺陷与瑕疵，你可以及时修改，使之更加完美。

三、微店商品的分类

当微店中的商品添加到一定数量之后，如果不采取科学有序的管理，会让商品看起来杂乱无章。这时，商品分类功能就派上用场了。

①点击"商品"页面，进入商品管理页面点击"分类"按钮，进入"分类页面"。

②进入"分类"列表，点击微店页面中的"新建分类"。在输入框中进行分类。再点击微店页面中的"管理"分类进入。点击添加子分类，填写新建子分类内容，最后点击完成。

③返回商品"出售中"的页面。点击"批量管理"进入批量管理页面，有一项"分类至"功能，点击"分类至"后，便会看到商品类别选项。每一个类别的右边，都会显示出该类别商品的数量。选择符合商品的类别，点击左边小圆圈，成功后会显示一个红色对钩，点击"确定"即可完成。另外，如果没有找到符合商品的类别，还可以通过下方的"新建分类"功能建立商品类别。

需要提醒的是：如果操作量小，可以用手机。如果操作量大，最好用电脑进行批量处理，这样会更加便捷。

商品分类成功回到主页后，还可以对刚才的商品分类进行查看。这时候只需点击商品从属类别即可。

对商品进行分类，和超市分类摆放商品的道理一样，便于顾客选购，从而提升店铺销售业绩。

四、让更多的人看到商品

完成商品添加、商品预览和商品分类之后，商品的上传工作就完成了。

看见商品美美地展示在微店中，不用说，你的心情也一定是美美的。不过，只有你对微店的商品感兴趣是没有用的，重要的是让更多的消费者感兴趣。而你只有先把商品分享出去，让更多的人看到，才有可能引起他们的兴趣。

如何将微店里的商品分享出去呢？

一般来说，微店的商品分享主要是通过各种社交软件实现的。下面向大家介绍商品的分享方法与渠道。

①打开微店主页，进入"商品"后，会出现微店的商品展示。

②在每一件商品的下方有几个图标，从左至右依次是"预览""复制""图文推广"和"分享"。点击右下方的"分享"按钮，我们就可以看到很多社交软件的

标志，包括微信（好友）、微信朋友圈、QQ 好友、QQ 空间、新浪微博，等等。这些都是微店商品的重要分享渠道。

③点击社交软件的图标（一次只能选一种），就可以把商品分享出去了。

我们以微店的某商品为例。选择微信平台分享之后，再输入"分享内容"，然后点击"分享"便可。

成功分享商品后，页面会显示"已发送"。同时页面还会有两种提示：返回微店客户端或留在微信。

当你把商品通过各种社交平台分享出去之后，你的各种"朋友圈"的粉丝都会收到这条信息。

在上面提到的各种社交平台中，微信朋友圈相对来说是最有质量的分享渠道。与 QQ 以及其他分享方式不同，在微信朋友圈里看到微店分享商品的人，大多都是店主的粉丝，这些粉丝的活跃度、对店主的信任度都较高，因而转化为顾客的概率也较高。

另外还有一些分享渠道，比如 QQ 好友、QQ 空间、微信好友、新浪微博，其具体的分享流程跟朋友圈一样，这里就不一一赘述了。

　　如果按分享目标来分，分享渠道可以分为两类：一类是单一分享好友的目标分享，包括 QQ 好友和微信好友这种单个目标的分享方式。另一类是将商品放到某个页面进行展示，包括个人中心、朋友圈这种个人的社交空间。

　　当然，一对一发送给好友进行商品分享更具有针对性，但缺点是分享范围过窄。个人中心或者朋友圈等正好相反，针对性不强，但分享范围比较广。店主可以将这两种分享类别组合运用，既定点捕鱼，又广种薄收。

　　另外，微店平台的"推广"功能里是"付费推广"，付费推广效益肯定是不一样的。

第五节　淘宝店主开微店

　　微店的崛起，让一些淘宝店主心里痒痒的。一些淘宝店主自然也想从中分一杯羹，反正不要花什么本钱，本身又在做电商，多开辟一个阵地就多一个机会，何乐而不为？

淘宝店主开微店，会涉及一个现实问题：搬家。

和现实中的搬家一样，电商网店搬家，也涉及各种商品的图片、信息的转移，多少有些麻烦。好在微店为淘宝店主特别设置了一项功能——"淘宝搬家"，能帮助淘宝店主将自己淘宝店内的商品，一键搬进微店中。没错，一键搞定，方便又快捷。

下面，我们以微店为例，简要介绍一下一键搬家的操作。

①打开"微店"。在微店页面，点击"设置"按钮。在设置页面中有"搬家助手"，点击它。

②跳转到"淘宝搬家助手"页面（图），店主会看见有两种搬家方式："快速搬家"和"普通搬家"。若你想快速将自己的店铺搬家至微店中，可选择"快速搬家"，然后点击"确定"，便可进入搬家状态，24小时内会完成全部操作。

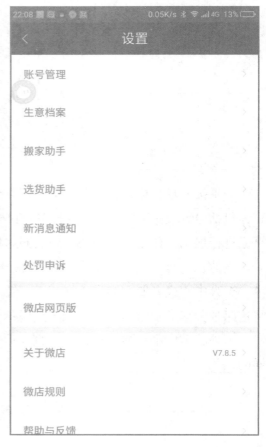

③自动链入淘宝会员登录页面，淘宝店主需要填写手机号码（或淘宝会员名）以及密码，然后登录。登录 5 秒钟后，页面会自动跳转。在进行快速搬家时，如果你的淘宝店设置了账号保护，则需要登录淘宝店，将淘宝账号保护取消，才可以继续进行搬家。

如果店主拥有不止一家淘宝店，还想将其他淘宝店也搬进微店，这时候直接点击"再搬一家淘宝店"即可。如果淘宝店铺新增了商品，点击"更新"，即可将更新的商品同步到微店中。

④点击"确定"，等待搬家完成。

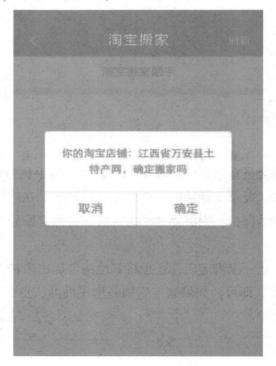

第六节　微店的推广

对于微店的整个经营过程来说，推广的重要性不言而喻。没有给力的推广，就欠缺足够的流量，欠缺足够的流量，销售额怎么上得去？

微店的推广方式有很多，可谓五花八门，各有特色。要想让推广取得理想的成效，唯有"十八般武艺，样样精通"，才能笑傲江湖，名扬天下。

微店的推广要不断玩出新花样，才会有更好的发展前景。墨守成规或生搬硬套地模仿他人的点子，终究是跟在人家屁股后面走的把戏，结果总是慢他人半拍，店铺经营很难有起色。

一、如何获得第一批顾客

俗话说：万事开头难。如何快速获得第一批顾客，是微店经营的难点与重点。

如果长时间没有一个订单，相信很多人的信心与激情都会消磨殆尽。而是否能够快速获得第一批顾客，和推广工作是否到位有很大的关系。

一般来说，只要做到以下几点，就可以为微店轻松搞定第一批顾客。

（一）借助熟人的力量

在微店经营初期，仅凭店主个人去进行推广，是很难打开局面的，因为一个人的社交圈子毕竟有限。如果借助熟人来帮助自己进行推广，乘积效应就立刻显示出来了。

我们说的"熟人"，包括亲戚、朋友、同学和同事等。向他们提出请求，一般不会被拒绝。即使是一般的熟人，也可能会"礼貌性"地帮你在他的社交圈（QQ、微信、微博等）转发你的店铺或商品链接。关系亲近的人，还会通过更多的渠道帮助你进行推广。

当然，这些熟人中，也会有人直接变成你的顾客，之后在为你推广的时候，他们会加上自己的用户体验，这样会让推广变得更为可信。

需要说明的是，熟人是为了支持你而购买商品，他们不能视为真正意义上的第一批顾客。

根据美国著名推销员乔·吉拉德总结出的"250定律"，每个人所认识的熟人大约有250个。你想想，如果你的熟人中有10%帮你大力推广，熟人的熟人中又有10%的人帮你推广……雪球滚下去，其体量有多大！

当大家都来帮助你进行微店推广时，每个转发推广信息的人的社交圈子相互叠加，必然会让更多的人知道你的微店，第一批顾客说不定就会从中产生。

（二）找到目标客户

撒大网不一定能捞到鱼，只有选对水域，才能网到更多的鱼。推广工作也是一样，如果你只是在漫无目的地推广你的微店和商品，可能会迎来第一位顾客，但是很难迎来第一批顾客。

微店推广的关键，是要找到需求目标，这就要考验店主以及帮助店主推广的人的观察力了。

在推广之前，店主应该对自己所在的社交圈里的好友进行认真分析，从其发布在个人中心和朋友圈中的照片，以及各种生活片段中，找到对你的商品感兴趣或有需求的人。有了目标客户之后，推广的效果就会大大提高。

同时，你也需要有目的地逐步建立你的目标客户群。如做户外装备的店主，就应该多"混"户外论坛、QQ群、微信群，从中寻找更多的目标客户。

（三）对症下药

通过分析，掌握朋友圈中的好友对哪些产品有需求。如果是关系比较熟的好友，可以直接询问。当确定了客户的消费需求之后，就可以对症下药，有针对性地进行相关商品的推广和介绍了。

推广的方法有很多，可以通过微信，也可以通过短信。无论你借助哪种渠道，都要把产品清楚、简洁地介绍给对方。

如果客户本身对这种商品确有需求，再加上是圈内好友的推荐，则购买率会相当高。

二、利用微店自有的推广功能

说到推广管理，微店本身自带的推广功能也是相当强大的。这些微店自带的推广功能，是最基本的、不可忽略的推广方法。微店开张之后，各位店主要利用好这些微店自带的推广功能。

下面就以手机微店平台的推广功能为例，带领大家一探究竟。

打开手机微店平台的客户端，点击"我要推广"，就能看到该微店平台的三大推广功能：友情店铺、分成推广和口袋直通车。下面分别为大家做介绍。

（一）友情店铺

（1）点击"友情店铺"，进入该功能的"添加"页面 在这里，我们能够看到很多类型的店铺。

你在看到自己中意的店铺后，可以进入该店铺查看详情。如果确定想要与其成为友情店铺，可以点击右边圆形按钮进行添加。

添加友情店铺后，需要等待对方验证。当对方通过验证申请后，你们便成了好友，可以互相免费推广店铺。

（2）点击页面下方的"管理"按钮，可以进入友情店铺的管理页面　点击友情店铺右边的圆形按钮，可以选择随时删除好友。

同时，各位店主还可以点击"切换自动管理友情店铺"自动管理友情店铺，友情店铺为自己带来的用户数便可一目了然。

（3）接下来，让我们切换成手动管理友情店铺　这时候回到"管理"页面，点击页面下方的"统计"按钮，便又进入了友情店铺的统计页面。这个页面能够帮助店主统计友情店铺为自己带来的用户数，包括昨日人数和累计人数，让店主随时了解友情店铺在自己店铺的推广活动中发挥的作用。这个和自动管理友情店铺的页面类似。

（4）点击页面下方的"动态"，进入友情店铺的"动态"页面，该页面会显示出所有想要和你成为好友的店铺动态。你可以点击右边的"接受"按钮，便可和相应的店铺成为友情店铺，然后互相推广店铺，实现互利双赢。

在微店起步期，应该尽量多加好友。但做到一定规模后，就需要综合考虑对方的价值——如果对方是你的竞争对手，或者对方给你带来的广告效应远远低于你给予对方的，或者对方给予你的佣金太低，那么就有必要点"拒绝"了。

（二）分成推广

所谓分成推广，就是你的粉丝深度参与到你的微店推广中来，成为你的分销商。分销商把店主的微店链接或某件商品的链接分享给他人，相当于你的分店。分销商数量越多，你面对的潜在客户就越多，你的生意自然也会越兴旺。下面介绍分成推广如何操作。

回到"我要推广"页面，点击"分成推广"，便可进入相应页面。"分成推广"包括查看报表、修改佣金比例以及取消分成推广三项功能。

（1）查看报表　点击"查看报表"，进入相应页面。查看报表包括两部分内容：累计支付佣金和推广成交金额。微店的佣金支付与回报获取的对比情况，通过这两项数据能够清晰地反映出来，店铺的推广工作是否见效一目了然。

（2）修改佣金比例　返回"分成推广"页面，点击"修改佣金比例"，进入相应页面，然后在输入框内选取合理的佣金比例，点击"确定"即可对佣金比例进行确认。

佣金比例设置完成后，即可在"分成推广"页面上看到该佣金比例。如果店主想查看过去一段时间内店铺的佣金信息，可以点击"查看佣金"，进入"分成推广报表"查看。

同时，店主可以通过点击"修改佣金比例"，随时修改，调整店铺推广工作的节奏与力度。

如果商品利润本身比较丰厚，或者推广效果不大，就可以通过调高佣金，以吸引更多的店铺参与推广；如果商品利润本身不高，或者推广工作已初见成效，就可以适度调低。

佣金比例设置完成后，进入微店页面，点击"分享"，就可以将自己的店铺一键分享到微信、朋友圈、QQ 等社交平台。

比如，将微店分享到自己的 QQ 中，选定其中一位好友，然后写几句文字，再加上一些表情，评论一下自己的店铺，然后点击"发送"，便可成功分享。

三、淘宝网店铺运营手机应用软件

淘宝卖家上传产品需要电脑上传，目前手机上传还不方便。

千牛——卖家工作台。阿里巴巴集团官方出品，淘宝卖家、天猫商家均可使用。包含卖家工作台、消息中心、阿里旺旺、量子恒道、订单管理、商品管理等主要功能，目前有两个版本：电脑版和手机版。

手机管店，随时随地都能接单，实时掌握店铺动态。

不在电脑旁，手机聊天接单。手机快捷短语秒回咨询；边聊天，边推荐商品，核对订单，查看买家好评率；支持语音转文字输入。

打开手机查看一眼经营数据。经营各环节数据，做好全局配货，销售和备货工作准备；店铺分析报告，查阅数据走势，支持与同行对比。

适配的营销工具，更省心更高效。插件中心具备丰富的营销工具，内有交易、商品、数据、直通车、供销等各种插件可供选用。

可利用碎片时间，学习规则。手机"牛吧"看淘宝官方动态、最新资讯；做卖点，打爆款，引流量，管店不忘每天学学秘籍与攻略；报名参加线下活动培训和交流会。

备忘录功能，轻松备忘待办工作。加星标注设提醒，不会耽误事；在外无法处理的工作，可以安排同事处理。

哪些人可以开设淘宝店铺？

在 2015 年淘宝的年度大会中，阿里零售平台总裁行癫曾表示将会对店铺进行分类，一类是个人店铺，另一类是淘宝企业店铺，这一明显的信息就是告诉淘宝卖家特别是企业卖家，赶快去开通淘宝企业店铺，淘宝企业店铺将拥有更多的流量和政策上的倾斜，这也是淘宝在优化自身流量。

下面带大家了解淘宝企业店铺是什么，通过支付宝商家认证，并以工商营业执照来开设店铺。

淘宝店铺重新制定划分标准：

1. 按照店铺资质分类

（1）天猫　将主动招商，采取邀请制，控数控品。

（2）淘宝　将划分为个人店铺和企业店铺。

据淘宝公告相关消息，个人店铺是指通过个人身份证认证开设的店铺，而企业店铺则是通过营业执照认证所开设的店铺。

2. 企业店铺的权益

（1）发布商品数量　一冠以下企业店铺可发布商品数量提升至一冠店铺的发布标准。

（2）橱窗推荐位　企业店铺可在原有基础上额外奖励 10 个橱窗位。

（3）子账号数　企业店铺在淘宝店铺赠送的基础之上再赠送 18 个。

（4）店铺名设置　开放店铺名可使用关键词：企业、集团、公司、官方、经销。

（5）企业店铺的展示区别　搜索（宝贝搜索，店铺搜索），下单页，购物车，到已买到宝贝，展示企业店铺的标识。

3. 淘宝企业店铺的功能

①优化了企业开店的流程，帮助企业卖家快速开设店铺。

②在前台展示上，有定制的店铺套头，在定制的宝贝详情页，从搜索（宝贝搜索，店铺搜索），下单页，购物车，到已买到宝贝，企业店铺的标识也是全链路展现，使消费者能一目了然地知道企业店铺与个人店铺的区别。

③在商品发布数量，橱窗位，旺旺子账号都有一定的权益，在店铺名选词上，我们也会开放：公司、企业、集团、官方、经销这五个词。在直通车报名上，也会降低企业店铺的信用等级限制。

第七节　淘宝企业店铺认证

申请支付宝实名认证（公司类型）服务的用户应向支付宝公司提供以下资料。

一、以法人名义申请认证

营业执照、法人身份证件［身份证件复印件（盖有公司红章）］、银行对公账户。

二、以代理人名义申请认证

营业执照、法人身份证件［身份证件复印件（盖有公司红章）］、代理人二代身份证［身份证件复印件（盖有公司红章）］、委托书、银行对公账户。

1. 营业执照

（1）国家认可的营利性机构，需提交的资料有中华人民共和国工商行政机构颁发的营业执照

A. 企业法人营业执照

B. 合伙企业法人营业执照

C. 个人独资企业法人营业执照

D. 字号名称的个体工商户营业执照

（2）国家认可的非营利机构，需提交的资料

社会团体法人证、组织机构代码证（或税务登记证）

（3）律师事务所，需提交的资料

律师事务所执业许可证、组织机构代码证（或税务登记证）

（4）出版社，需提交的资料

出版物经营许可证、组织机构代码证（或税务登记证）

（5）行政单位，需提交的资料

行政执法主体资格证、组织机构代码证（或税务登记证）

（6）医院，需提交的资料

营利性机构：工商营业执照、组织机构代码证、税务登记证

非营利机构：医疗机构执业许可证、组织机构代码证（或税务登记证）

（7）外国企业驻大陆办事处，需提交的资料

外国（地区）企业常驻代表机构登记证、组织机构代码证（或税务登记证）

（8）××农民专业合作社，需提交的资料

营业执照

（9）城管及其他执法部门，需提交的资料

罚没主体资格证、组织机构代码证

（10）公益类政府机构　政府机构编制委员会发布的文件

2. 申请人的有效身份证信息

如果法人为中国大陆公民，需要提供身份证彩色图片；

如果法人为港澳居民，需要提供回乡证彩色图片；

如果法人为台湾居民，需要提供往来大陆通行证彩色图片（如台胞证）；

如果法人为外籍或海外居民，需要提供护照的彩色图片。外籍法人，护照名字是英文，营业执照上的名字是中文，申请认证时，需填写中文和英文名字（中间可以用空格做间隔，暂不支持括号）。

若申请人无法提供彩色图片，可提供身份证件复印件（盖有公司红章）。

3. 提交申请人如非法定代表人需提供企业委托授权书

4. 银行对公账户

①对公账户开户名要求与营业执照上的公司名称完全一致。

②正确填写对公账户开户行所在地。

温馨提示：输入银行开立对公银行账户相关信息时，可以参照银行出示给公司的一份开户许可证来填写。

商家认证需要多久时间？

商家认证营业执照等资料人工审核时间为：提交后的第 2 天 24 点前完成；

银行卡打款时间：中国邮政储蓄银行（提交后的 1 个工作日内），其他银行（提交后的一个自然日内）。

第八节　商家认证营业执照的证件要求

一、商家认证营业执照的要求

①提交的证件必须为彩色原件电子版（如数码相机拍摄件或彩色扫描仪的扫描件），证件图片涂改后无效；确保图片完整（不缺边角），证件的周围不允许加上边角框（例如，自行加上红框），证件上不包含任何网站字样（比如，提交的证件印有微博名称等）。

②证件需在有效期以内，营业执照需要带有齐全的年检记录，说明需要盖有公司公章。

③图片大小不超过 2M，文件格式为 bmp、jpg、jpeg 格式。

二、营业执照审核失败的原因

①证件无效；

②证件不完整或不清晰；

③非国家认可的机构；

④老公司无2012年的年检章；

⑤无工商局的章（若工商局的章是钢印的，可提供营业执照原件扫描件+复印件加盖公司公章）。

淘宝企业店铺开通只需要四步（淘宝企业店铺申请资料）。

第一步：使用邮箱注册淘宝账户；

第二步：进行支付宝企业认证；

第三步：填写工商注册信息；

第四步：创建店铺成功。

企业开店流程

1. 进入"卖家中心"选择企业开店

很多企业会问，企业淘宝开店费用不一样吗？其实淘宝企业开店并不需要支付额外的费用，和普通淘宝个人店铺一样缴纳保证金就好了。不过必须提醒的是一个身份证只能开一家店，一个营业执照也只能开一家淘宝店铺。开店之后无法注销。

2. 进行"支付宝企业认证"

淘宝企业店铺认证必须和支付宝认证类型一致，其实只要准备好相关的资料就比较容易通过淘宝企业店铺支付宝认证。

3. 填写"工商注册信息"

主要包括：工商注册信息（公司名称、营业期限、经营范围、营业执照注册号、营业执照所在地）。

4. 签署开店相关协议

诚信经营承诺书；

消费者保障服务协议；

支付宝基础支付服务；

支付服务协议。

三、一亩田轻松买卖农产品

农村电商有两种主要类型：工业品（消费品）下乡和农产品进城。现在介绍一家专注农产品进城、扩大农产品销售、减少中间环节、提高农产品流通效率，把田间地头和城市消费市场高效对接起来的电商企业——一亩田农产品交易服务平台。

一亩田公司成立于2011年，是专注做中国农产品信息交易的平台，为全国8亿农民"轻松解决买卖农产品"，为买家找到好货源，帮助卖家找到好买主，并保障农产品交易过程的快捷、安全与高效。一亩田的愿景和目标是创造农业新文明，为农民增收，为市民减负。首先通过强大的线上线下服务能力，打破因为信息不对称而导致的农产品流通效率低下和损耗严重的现象，帮助农民解决"卖不出"和"卖不上价"的难题；其次通过大数据指导和市场需求的倒逼力量，让农业生产与市场挂钩，帮助农民摆脱同质化生产和盲目种植的困境；最后通过流通领域的规模效应，带动整个农业产业链的链式反应，帮助中国农业走上规模化、标准化、健康安全的道路。

一亩田在推动农产品 B2B 交易，即打通产地端的合作社、经纪人、种植大户、龙头企业等规模型生产经营者与销地端的批发商、商超、连锁餐饮企业、出口企业之间的联系的同时，也为农村的散户提供查询全国市场行情、联系周边买家、寻找合适车源、购买放心农资等方面的服务。截至目前，累计超过 3 500 万的农产品经营者使用了一亩田的服务。为顺应移动互联网的发展趋势，方便农民使用，一亩田除了提供 PC 端的服务外，还专门开发了手机 App 软件，可为全国农业经营者提供行情查询、信息发布、交易撮合线上支付、物流匹配、农资买卖等多项服务，并在操作使用方面力求简单实用，贴近农村实际，赢得广大农村用户的好评，被誉为"脚上沾满泥巴"的电商平台。

（一）合作社如何玩转一亩田 App

1. 有实力才放心

有规模、有标准的合作社才能让采购商放心。合作社要完成企业认证，上传相关资质和荣誉，以及高质量的货品照片或视频，来展现农产品生产、客户服务的方方面面，做到有图有真相，彰显供货实力。

 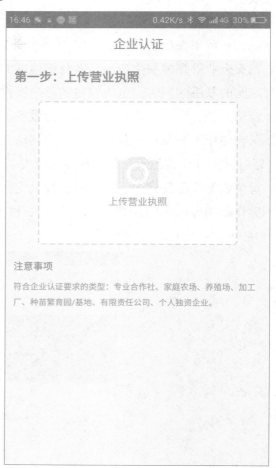

2. 会推广才有交易

合作社作为新型农业经营主体具有生产规模和品控上的优势，同时要学会推广自己。及时更新自己的信息、精准的报价技巧，主动通过一亩田 App 的"电话本"功能联系供应商，同时要积极参与一亩田举办的各项活动，争取排名靠前的机会，吸引有实力的收购商。

3. 有数据才有信用

只有通过线上支付才能留下并累积交易数据记录，能够证明合作社的经营历史、销售业绩、种植经验、市场影响、客户反馈等，同时能形成合作社的信用，成为金融机构发放贷款的依据。

（二）农民如何玩转一亩田 App

1. 开设网店自己卖

农民可以直接在一亩田 App 上开设自己的网店，展示自己的货品，吸引周边采购商。

还可以通过一亩田的分享功能将网店信息分享到微信朋友圈和 QQ 空间，让之前已经建立联系的采购商随时关注到自己的货品信息。

2. 寻找经纪人帮你卖

农民可以通过一亩田 App 的"电话本"功能找到附近的经纪人，或者具有经纪人职能的合作社，让他们帮助卖出货品。与更多农产品经纪人保持联系，将使农民在面对市场变化时能够趋利避害，从农业经营中获得更多收益。

3. 联合乡亲一起卖

单个农民产出少，直接面对市场费用高，可以联合乡亲共同销售。将乡亲们的货品信息上传到自己的店铺，丰富货品种类，提升供应能力，增加交易机会，实现共同致富。

4. 提升名气敞开卖

农民通过个人实名认证，积极参与龙虎榜评选、特卖会、认证信息员、乡村互联网推广大使等一亩田举办的活动，多方展示和推广自己，提升名气，促进交易。

四、真农网

真农网是一个基于物联网可追溯技术的农业品牌营销管理平台，可以帮助农业企业创立品牌，管理农场，更快、更好地销售产品。真农网独创的真实农场在线与农产品生产追溯的功能，可以有效帮助证明农产品的原产地，获取消费者信任，提升品牌价值。除此之外，真农网还提供了一个农业交流、交易平台，以及一系列增值服务，帮助农业企业更好地与互联网结合，走上快速发展之路。

用户发布的优秀品牌长文章，将免费同步到十余家互联网主流媒体渠道。提供农产品追溯系统，二维码溯源标签，技术领先，一物一码，更可信、更专业。专业互联网营销推广团队，帮助农场主打造知名农业品牌，提升品牌价值。专业市场团队帮助农场主对接线上线下各种销售渠道，让好产品不愁销。

1. 品牌管理

用手机管理你的农业品牌在线推广优质产品。

2. 品牌故事

系统地展示品牌故事让客户产生信任，买得放心。

3. 真实拍摄

软件自带相机功能真实拍摄，记录原产地。

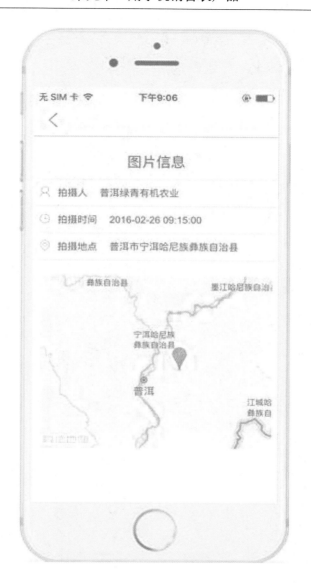

4. 信息发布

一次编辑，品牌营销文章全网数十家权威媒体同步曝光。

5. 产品追溯

像发朋友圈一样简单操作让产品具备可追溯性。

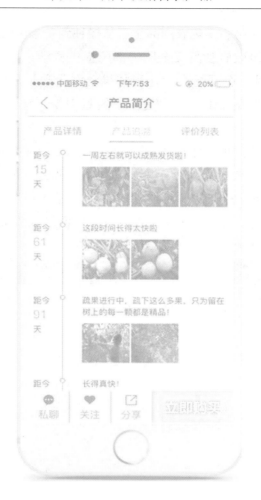

6. 轻松推广

分享返利、在线支付、实时结算，推广变现就在弹指间。

五、中国惠农网

您还在为采购优质农产品发愁吗？上手机惠农，一切需求都不是问题！手机惠农是一家专业服务于大宗农产品采购商、批发商、代办、代卖、农业经纪人和农村合作社的电商平台。致力于为买家找到性价比更高的源头好货，为卖家找到诚信可靠的采购商。

针对农产品特色标准化程度低、品质相对难控的现状，研发了至今最先进的全程追踪防伪溯源系统——"真源码"平台。利用云计算和大数据技术的"真源码"可通过产地认证、全程追踪、保鲜（质）期、位置信息、明暗双码、一品一码六大防伪功能，杜绝假冒伪劣，实现农产品生产从播种到餐桌的无缝监控，切实确保消费者舌尖安全，为各级政府食品安全监管部门提供科学、先进、有效的监管工具。顺应"互联网+"时代，公司旨在"用科技推动农业产业升级"，实现"让农民更富裕，让居民更健康"的愿景，不断进取，锐意创新，努力探索"互联网+农业"新途径、新模式。

依托中国惠农网建立的"网上县域农业产业带"，将县域内农民专业合作社、种养大户、家庭农场、农产品加工经营企业等农业产业及产品资源集中入驻互联网，勾画县域农业"经济地图"，打造县域农业"经济名片"，借助中国惠农网平台的技术、推广、流量、品牌及买家众多且分布广泛等优势推介县域农业产业，营销县域农产品，从根本上改变农产品传统销售方式。

中国惠农网主要功能如下。

1. 足不出户，轻松找货

农产品种类繁多，手机惠农可满足您多重采购需求，随时随地发布农产品信息，让客户主动找您。

2. 源头采购，价格更优

手机惠农已与各地优质原产地建立长期稳定的合作关系，为您争取最优质的产品，最优惠的价格。

3. 担保交易，诚信买卖

严格审核供货商，实名实地认证，为诚信采购商提供担保交易服务，保障资金安全，诚信采购商可享五大特权。

4. 拓展客户，联系同行

既可主动联系意向客户，直接对话聊生意，也可以与同行交流行业机密和经验，抱团拼货组货找货源。

5. 海量资讯，免费阅读

一手掌控产地行情和销地行情；更多农业资讯、农技干货、商机推送等。

第十章 网店管理技巧

科学的网店管理是网店有序经营和确保交易顺利实现的关键。掌握管理技巧就像为网店注入了提供能量的燃料。在商业竞争中，一个管理有方的团队是所向披靡的，所以，对于一个网店经营者来说，必须重视网店管理。

第一节 网上店铺管理

一、网上店铺建设

（一）起个好店名

店名如人名，这是代表网店的符号，这个符号能否给人留下深刻的印象，直接关系到你的网店经营业绩。店名的主要作用当然就是方便记忆和与其他的店铺进行区分。而让人记住和做出区分的目的是在网民们想购买产品的时候，想到的是你的"招牌"，是你的网店。所以说，立个响当当的"招牌"对于网店经营，是至关重要的。开网店要树立好名声就不得不取一个好名字，其次，才是好好经营网店。

在日常生活中，我们会发现有些店主并不重视网店的名字。我曾经登录过一个叫作"最爱品牌网"的网站，第一感觉想来应该是销售各种品牌商品的店铺，结果在浏览的时候，发现了一个叫作"cj232"的店名，让我很费解，不知道他的店铺到底是销售什么商品的。有些店主认为店铺名称和 ID 一样简短易记就可以，其实，恰恰相反，店铺名称无论在购物平台还是百度、Google 都能被搜索到，店铺名称的关键字安排在搜索中所占的位置是非常重要的，要妥善安排，放入更多的关键字，让别人更容易找到你的网店。

（二）店铺分类

店铺分类是店铺管理中很关键的一环。清晰的分类会给顾客带来诸多便捷，而便捷化的服务正是每一个顾客追求的服务之一。此外，店铺分类的关键字和店铺名称里的关键字的重要程度相当。

【小提示】

店铺的前几个分类最好不要用图片，把我们精心设计的关键字用在店铺的前面几个分类里面，百度、Google 等搜索引擎对这些页面里的关键字也比较敏感，更容易被抓取到。

店铺公告的容量较大，可以输入较多的字数，也是放置大量关键字的绝佳地方，百度、Google 的搜索引擎对滚动字幕的敏感程度远远超过页面里其他的字，这个位置设置不好的话，有可能影响到我们向搜索引擎提交的登录申请核准。

二、店铺文化

一个出色的企业除了在竞争中实现利润并立于不败之地外，还需要文化的构建和传播。网上开店不应该仅仅成为店主谋生的手段，一个成功的店主应该具有企业领袖的品质，把眼光聚焦到店铺文化的建设上来。

文化引导潮流，文化塑造生命。一个成功的网店，应该具有特殊的文化底蕴。那么，什么是店铺文化呢？其实，这很简单，我们经常听到的要讲诚信，其实这就可以作为文化的一种，可以称为"诚信文化"，社会上都在崇尚诚信。作为网店，诚信文化就体现在以网店为载体，借助于网络资源，把诚信的理念运用到商品的展示上，例如，商品图片和文字解说是否是真实的？再者，图片、文字解说等具有什么样的风格，是艺术的还是朴实的？是时尚的还是传统的？是东方式的还是西方式的？这些文化元素都可以反映在店铺管理上面，彰显出网店的文化底蕴。

第二节　网店成本管理

不管是实体店还是网上店铺总离不开对成本进行核算，要清楚自己投入了多少，都把资金和精力等投在了哪里，哪些是赚钱的，哪些是赔了钱的，要做到心知肚明，必须有一套成本管理的有效办法。同时，做好成本管理也是对店铺经营效果的一种反映。

想要尽快收回投资，就必须对店铺的成本有一个正确的估算。网上销售门槛很低，价格上也没有一个统一的制定标准，每家店铺的商品售价是根据店主不同的经营成本来确定的，但是售价并不是进货成本加上利润值，它不能用市场上的价格标准来衡量，也不是和市场价相差无几就会有可观的利润。

【小提示】

商品的综合成本除了进价以外还有许多其他的成本构成，例如，重量和包装决定了商品的邮寄成本；颜色、款式决定了进货数量，会影响店铺的库存成本；保质期和损坏程度决定了商品的损耗成本；配件或说明不全需要自己打印会增加经营成本；退换货的发生率及提供商品售后维修会构成服务成本；有些季节性商品还可能产生滞销成本。这些都是成本的组成部分，商品不同，成本也不同，要综合考虑，全面分析。

一、网店销售的成本构成

不管是个人店铺还是商家店铺，经营的成绩都是用数字说话，成本的构成和使用直接影响到店铺经营状况的好坏，对店铺日常经营成本和管理成本的形成进行核算，就是商品的总成本核算，它包括记账、算账、分析及比较的核算过程。成本核算的过程既是对店铺经营效果的反映，也是对费用实际支出的控制过程，它是整个成本管理工作的重要环节，要想对店铺的成本进行准确的核算，必须首先明白成本是如何构成的。

成本的构成可以综合反映企业的管理质量，如店铺销售转化率的高低、库存的数量是否合理、商品质量的好坏、店铺经营管理水平的区别等，都能通过成本直接或间接地反映出来。成本是商业竞争的主要因素之一，在市场经济条件下，竞争主要是指价格与质量的竞争，而价格的竞争归根结底还是成本的竞争，在保持毛利率稳定的条件下，只有低成本才能创造更多的利润。

【小提示】

对于一家店铺来说，销售利润是创收的主要部分，但是成本控制也是不容忽视的工作。比如，进货的交通工具选择用出租车，成本势必要增加。

商品的销售价格应以它的价值作为基础，而成本则是用价值表现出来的经营管理消耗。所以，商品的定价要综合考虑经营成本和管理成本，只有这样的定价才可能取得盈利，而有盈利才能兑现承诺的售后服务等，才可能保证我们的店铺向持续、健康的方向发展。

二、成本认识

店铺的成本是指店主为获取利润而销售商品，并为此支出的各项费用的总和。一般情况下，成本包括直接成本和间接成本，对网上店铺来说，它起码应该包括店铺在经营过程中产生的进货成本、进货交通费，以及邮费、包装费用等，这些简称直接成本，也叫经营成本；还有一些因管理产生的费用，如通信费、网络费、退换货产生的其他开支以及店主的基本生活费等，这些都是间接成本，也叫管理成本。这些都要平摊到每一件商品的总成本里。

而且随着店铺经营业绩的不断改善，网店规模会不断地扩大，用的低配置电脑、打印机等固定设备需检修或者更新；为了更好地为客户做好服务，可以增加客服，这样一来工资支出就得增加。店主如果眼光长远一点的话，还应该考虑到网店发展会产生的投入，包括品牌建设的费用以及宣传推广的费用等。这些对于一个想成功的店主来说，都是必须考虑的基本问题。

三、邮费成本的合理控制

我们分析了成本的构成，再来谈谈如何控制成本。经营的每一项支出都是我们的成本，如果能够加以合理控制，使成本降到最低，就可以提高店铺的经营效益，如果成本控制得当，利润的百分比可能就会上升几个点，如果店主把节约的成本看成利润，经营成本的降低就可以使自己的商品价格更具有竞争优势。

成本的控制包括很多方面，例如，进货数量、商品质量以及交通工具都会影响到进货时的成本，包装和邮费的支出会影响到销售时的成本，而店铺管理时产生的成本则更复杂、更隐蔽，要想店铺持续地健康发展，必须做到开源节流，促进销量是开源，而成本控制就是节流。

在这里，着重谈谈邮寄成本应该如何控制，因为要想在销售中取得良好的收益，除了要控制好进货成本以外，邮寄成本的重要性也不可小觑。

很多的管理费用是在没有销售时产生的，而邮费则属于销售后产生的成本。有些卖家喜欢包邮销售，这种方式可以使店主在选择发货方式时有更大的自由度，比如一些无暇去邮局排队邮寄的兼职卖家，选择包快递的方式就可以避免在发货时间上出现的矛盾。

一般我们会通过邮局、快递公司和货运公司来完成发货的工作，邮局的优势在于网点多、发货方式丰富、年中无休，但是除了EMS，其他的发货方式在时间上都不占优势，这就为快递公司的生存和发展创造了契机，快递公司可以选择月结方式付款，也可以用讨价还价来达到控制邮费的目的；通过邮局发货可以从网上买到便宜的纸箱和打折邮票，使用自备的纸箱和打折邮票可以有效节省我们的物流成本。同时，不同面值的邮票还有不同的折扣，对于发货量大的买家来说，是节流的一个好途径。

【小经验】

小李的店是包邮EMS的，因为他曾经被快递公司丢过货物，所以一直心有余悸，EMS的网点多，比快递公司覆盖面广，相比之下事故率也低很多，所以他会选择使用EMS发货，如果每次都要向顾客解释邮局平邮、快递包裹和EMS保价邮寄的区别，无形中会增加很多的工作量。如果遇到固执的顾客，还需要花费大量的时间去说服。既然卖家有责任为货物的安全提供保障，那么拥有发货方式的决定权就可以有效避免损失，同时还能提高工作效率。但是，更多的卖家还是喜欢邮费另计，把售价分成两块，商品价格和邮寄费用分开显示，使自己的商品标价更有吸引力，然而邮费设置高了顾客会不乐意；设置低了自己要贴补，所以，邮费也就成了精明店主重点的控制成本。

（一）邮政纸箱

原则上邮政纸箱应该在邮局购买，一般材质是白色或绿色的钙塑板，但是价格不菲。网上出售的邮政纸箱一般是 3~5 层瓦楞纸制作的，比较常见的是 3 层纸箱，有不同的型号，有相应的规格尺寸及厚度，它们在使用上和邮局出售的一般无二，但是价格差异却很大。有的卖家还提供在纸箱上印刷店铺名称、网址、标志及联系方式等服务，使用这样的纸箱，在发货时整齐划一，也有利于提高店铺的整体形象。

在网上买纸箱比在邮局买纸箱便宜很多。如果每天需要发大量的货，购买这样的纸箱包装，只要数量可观，一个月下来节约的成本还是不少的。但是大家要注意，有的纸箱售价过于低廉，是因为纸箱所用的纸板有厚薄之别，一分钱一分货，太薄的纸箱在邮寄商品时很容易导致货物的损坏，因为这么薄的纸箱根本起不到应有的保护作用，特别是需要保价邮寄的商品，如果纸箱强度不够则纸箱很容易被邮局拒收。

（二）节省邮费

在网上购买纸箱只是我们控制邮寄成本的一个方面，还有很重要的一笔支出是邮费，如果使用快递发货，我们可以选择月结，这样可以享受到较为优惠的价格，也可以联合附近的店主一起和快递公司协商，争取一个较低的运费折扣。

如果是到邮局去寄包裹、挂号信以及印刷品的话，可以用邮票来充抵邮资，原则上邮票面值和使用现金结算是一样的，但是因为有了打折邮票，每月在邮资上就可以节省很大一笔开支。在这里要提醒大家的是，在邮局寄东西并不是所有的邮资都能用邮票充抵，EMS 的邮费和包裹的保价费用就必须使用现金支付。

邮寄包裹都是按千克计算，每个包裹都要收取 3 元的挂号费，这样一来，寄一个包裹，邮资肯定在 3 元以上，不同面值的邮票组合，会产生不同的邮寄成本，有时候看似多贴了一毛两毛的邮票，其实却省了更多，这就是有效控制邮寄成本的奥妙。

发往不同目的地的包裹会产生不同的邮资，不同的票面组合又会产生不同的购买成本，当然，重量不同，距离不同，产生的邮费也不同，我们可以统计一下自己发往各地的邮费，找到一种最省钱的组合来使用。

（三）邮寄辅料

除了纸箱和邮费，邮寄成本里还有一个重要的组成部分就是打包的辅助材料，网上也能买到便宜的封箱胶带、记号笔和气泡膜等打包需要的辅料，如果一次性购买的数量很少，就必须考虑一下购买时会产生的邮费，因为即使售价便宜，但是加上邮费的话也许会比我们在附近商店购买的成本更高，这样就达不到节省的目的。

如果一次性购买的数量较多，或者还在同一家购买其他的物品，就可以平摊邮费，降低成本。

在打包发货时还会使用大量的填充物，一般大家常用的填充物是纸板、硬泡沫、气泡膜及海绵等，甚至是团起来的报纸和塑料袋，这些东西都可以在日常生活中慢慢收集。如果是销售数码产品和化妆品的卖家，气泡膜的用量会非常大，那么光靠收集是难以解决问题的，这就需要进行批量购买，所以，邮寄成本的控制还是要具体分析。

如果我们想办法降低纸箱、邮费和辅料的费用，就一定能有效控制邮寄成本从而降低店铺的经营管理成本，这样可以摊薄单件商品的总成本，使商品销售更有竞争力，利润空间也能得到一定程度的扩大。

第三节 选择常用的快递公司

先来看看目前推荐的物流有哪些。

一、快递

（一）顺丰速运

顺丰速运网络全部采用自建、自营的方式，有国内同城件、国内省内件、省外件、香港件、即日件、次晨达、次日件。还可提供寄方支付、到方支付、第三方支付等多种结算方式。最高赔付为运费的6倍，没有保价、无保价的分别，丢失或者破损的赔付是一样的。

优点：服务好，速度快，安全，有独立的免费包装袋，员工素质高，让人放心。特别适合生鲜品肉类品的邮寄。

缺点：价格偏高，网点不够全面，乡镇没有站点，发货不方便。

（二）EMS快递

EMS特快专递业务除了提供国内、国际特快专递服务外，还相继推出国内次晨达和次日递、国际承诺服务和限时递等高端服务，同时提供代收货款、收件人付费、鲜花礼仪速递等增值服务。EMS具备领先的信息处理能力，建立以网站、短信、客服电话三位一体的实时信息查询系统。

优点：速度快，可以网上查询，送货上门，物品安全有保障。

缺点：收费贵，部分地区邮局工作人员派送物件前不先通过电话联系收件人，有可能导致收件人不在指定地点，而耽误物件的接收时间。

（三）E邮宝

E邮宝是中国邮政集团公司与支付宝最新打造的一款国内经济型速递业务，专为中国个人电子商务所设计，采用全程陆运模式，其价格比普通EMS有大幅度下降，价格为EMS的一半。但其享有的中转环境和服务与EMS几乎完全相同，且一些空运中的禁运品将可能被E邮宝所接受。

优点：便宜，到达国内任何范围，运输时间快，只比EMS慢一天左右，可以邮寄部分航空禁运品，派送上门，网上下订单，有邮局工作人员上门取件，时间为：当天早上5点至11点半下订单，下午可取件；中午11点半至17点半下订单，次日早上取件。

缺点：部分地区还没有开通此项目。

（四）申通速递

申通速递在全国各省会城市（除台湾），其他大中城市建立起了800多个分公司，吸引了1 100余家加盟网点，主要是承接非信函、样品、大小物件的速递业务，主要经营市内件和省际件。丢失赔付时，无保价，小于等于1 000元；破损赔付时，无保价，小于等于300元。

优点：网点广，速度一般在4天内，价格适中，运输相对安全，少有丢件、损件的事故。

缺点：服务质量一般，这个和每个地方的员工素质有关。

（五）圆通速递

圆通速递的服务涵盖报关、报检、海运、空运进出口货物的运输服务；中转、国际国内的多式联运；分拨、仓储以及特种运输等一系列的专业物流服务；提供国内件、国际件、限时服务。

赔付：丢失赔付时，无保价，赔付金额小于等于1 500元；有保价，保价率是1%，赔付金额小于等于10 000元。破损赔付时，无保价，赔付金额在3~5倍运费；有保价，保价率是1%，赔付金额小于等于10 000元。

优点：价格便宜，速度在 3~4 天内。

缺点：网点不够广泛，偶尔有丢件等情况，员工素质因人而异。

（六）其他

其余的还有韵达快运、中通速递、汇通快运、天天快递、德邦物流、联邦快递、中铁快运、一邦快递、安能物流。

二、汽运普通物流公司

重货发货一般汽运物流公司，优点收费低，速度一般在 4~7 天时间。

缺点：自己需要送货到物流点，客户需要到物流点自提。

1. 使用推荐物流的好处

选择推荐物流"在线发送订单"确认后，客服人员会帮你通知物流公司上门取货。对于丢件，赔付处理得更及时，会监控并督促物流公司对于投诉和索赔的处理。

①网上直联物流公司，不用打电话也可以联系物流公司，真正的全程网上操作。

②可以使用协议最低价和物流公司进行结算，价格更优惠。

③与物流公司协议了非常优惠的赔付条款。

④使用推荐物流网上下单后，物品跟踪信息链接可以在物流订单详情页面里查看得到，这样方便卖家和买家查阅。

⑤卖家可以享受批量发货功能，一次性将多条物流订单发送给物流公司，让下单更加便捷。

⑥使用推荐物流发货的交易，卖家可以一次性确认多笔交易为"卖家已发货"的状态。

⑦可以享受在线客服的尊贵服务，物流公司在线客服即时回复，解答疑惑。

⑧日发货量超百单，拥有特别定制的服务。

2. 常用快递公司的特点

江浙沪地区一般选用圆通速递，比较便宜，网点多；申通速递除了江浙沪地区，外围的网点多，而且服务好；宅急送网点多，只是价格偏高，除了 EMS 外，是网点最多的。中铁快运价格也很便宜，只是网点较少；圆通快递在个别地方的口碑较差。

顺丰快递是民营快递里最好的，服务好，速度快，每天发三次件，一般一二线地区隔天能到，只是价格偏高；EMS 网点是所有快递公司里最全面的，几乎是全国地区覆盖，如果发件量大的话，还可以拿到优惠的价格。

德邦物流和安能物流代收货款，回款快，手续费低货物签收后三天时间到账。安全可靠。德邦物流有货物签收后第二日回款，单手续费高。

3. 注意事项

（1）确定快递公司　确定好离你最近的快递公司的网点，一旦接到订单，电话联系网点，确认运费，确认取货时间。因为每家物流的管理水平不同，有的网点自己都不知道该收多少运费。确认后，一般各家快递取件的时间是在每天下午，这时候再确认一下，看取件员什么时候到。

（2）物流管理规则要熟悉　要熟悉物流的管理规则，什么样的问题，会有什么样的处罚。每个人都会犯错，快递公司也一样，关键是看他们的准确率有多高，以及出现事故后的处理方法。快递业务较多的公司通常既重视成本又重视质量，这就需要和快递公司保持经常性的沟通，了解其具体问题，协助他们解决问题、帮助其提高服务质量。要是碰到快递服务特别不友善，例如多收运费或是延迟取货、耽误送件等问题，要记得留下有效的证据，发起投诉。

（3）查看物流状态　估计货物快到时，要查看物流状态，看看客户是否签收，如果在正常的时间还没到，就要主动联系物流客服看看是不是有意外情况耽误了，顺便也给等待的买家一个解释。

（4）价格商谈找老板　谈价格要尽量找老板，几乎所有的快递公司（顺丰除外）的取件业务员，都是可以拿取运费金额的10%作为提成的。所以，可以通过问客服要分公司老板的电话，打个电话给老板，双方亲自洽谈，跳过业务员的盘剥。可能有人会怀疑：老板难道也会来吗？答案是肯定的。据了解，申通、圆通、韵达、中通等快递公司的老板每天都自己取件自己送件，你尽可以把老板当成"伙计"来看待。所以，谈价格要找老板，不要找业务员。

（5）出货量不可糊弄　千万别糊弄快递业务员自己的出货量。明明自己一天只有零零碎碎几件货品发件，却糊弄业务员说很多量；或者在业务员来之前把家里伪装得像个发货基地一样，这种做法在论坛上很多人"传授"。其实这种方式极不可取，业务员又不是傻子，一个礼拜以后就能知道卖家真实的发货量有多少，原先被糊弄的价格绝对不会再给你，这样更得不偿失。

（6）搞好人际关系　与快递公司工作人员搞好人际关系，互相合作，尽量做到互利共赢。这些细节问题会直接决定淘宝网店的发展，同时也是遇到中差评能否解决掉的关键。因此，和快递业务员搞好关系至关重要。

（7）不要互相比较价格　千万不要和业务员说"××公司的快递费才收××钱，我和你长期合作，怎么不给一个优惠的价格？如果不同意，我就换快递公司"诸如此类的话，这种方式是非常糟糕的。首先，不同的快递公司发件成本是不一样的；其次，每家快递公司的网络分布不一样，优势区域也不一样。所以，不要和业务员去做行业之间的比较，一来可比性不强，二来容易引起争执，影响物件的发货速度。

（8）心理价位要定好　和快递公司谈价格的时候，切忌自己预先有一个心理价位，关键的是要弄清楚快递公司的发件成本。作为快递公司而言，如果卖家的发货量较大的话，他能做到毛利润是 10% 才会和卖家做交易。所以，除非自身很清楚快递公司的发件成本，否则不要轻易预设心理价位。

每家快递公司的成本基本都包括以下 5 部分。

①快递面单：卖家们接触到的快递单子都是每家快递分公司从其总公司买来的，普遍价格在 1 元/张，个别的快递公司会在 1.2 元/张。

②发件费：快递公司取件之后去总公司发件，是要给总公司交钱的。最普遍的是江浙沪首重 1 元/500 克，续重 0.5 元/500 克；或是每天给总公司一个固定的价钱，任意发件；而江浙沪地区以外的发件费，不同公司的差异较大。

③派件费：几乎所有的快递公司都有这项费用，通常是 0.5 元/件，个别的快递公司是根据重量来，1.5 元/500 克。

④信封、防水袋：通常快递公司的硬质信封在 0.5~0.7 元，软质信封一般是 0.35 元。如果是该快递公司专用的，小号是 0.7 元，大号是 1.2 元。一般的黑色防水袋是 0.35 元和 0.55 元。

⑤业务员提成：快递公司的业务员提成有两种方式，假设业务员的底薪是 800 元的话，那么他的提成是快递费的 10%；如果底薪是 1 500 元，他的提成是老板利润的 10%。

（9）物品重量要细心　部分快递公司对重量的要求很严格，有时候超重一点点也要多收一份费用，建议自备小秤，如果只是超重一点的话可以把物品里的填充物拿出来一点。

（10）根据自身情况选择快递公司　每家快递公司都有自己擅长的一个范围，比如国际、同城。另外，每家快递公司都希望有更多的业务，在自己的能力接受范围外承接业务的公司不在少数，从而产生更多的问题。所以，卖家们要根据自身的需要选择合适的公司，国际业务、国内业务、同城业务要分别选择不同的公司。如果卖家对价格比较敏感，即使同一个业务也不能仅仅选择一家快递公司，比如跨省业务，许多小公司的报价虽低，但是擅长的范围小。卖家们根据自身的业务需要组合几个快递公司为自己服务才是正确之道。

三、不同商品的包装方法

在交易的过程中，都是通过物流将商品交付给买家，卖家是接触不了的，所以包装商品就成了非常重要的因素。由于卖家们所销售的商品不同，所使用的包装材料和包装方式也就各不相同。下面将分别介绍常用的包装材料、包装原则以及如何用包装赢得买家的好感，希望可以给各新手卖家们一个参考。

（一）常用的包装材料

首先要了解的是常用的包装材料，常见的包装材料主要有纸箱、编织袋、泡泡纸、牛皮纸等，以及一些内部填充物。

1. 纸箱

纸箱是一种使用比较普遍的包装材料，其优点是安全性高，可以有效地保护商品，而且还可以适当添加填充物用以缓冲运输过程中所产生的外部冲击力；缺点是增加了商品的重量，运费也就相应增加。对于使用纸箱包装的商品，一般内部会添加填充物用以缓冲运输过程中的挤压或者冲击。常用的填充物主要有泡沫、废报纸等，以下表格是纸箱的尺寸、价格和适用范围等，网上订购纸箱价格如下表所示。

表　网上订购纸箱价格表

邮政称准纸箱号码（3层瓦楞）	尺寸（毫米）	网上订购价格（元）	适用范围
1 号	530×290×370	4	大件商品
2 号	530×230×290	3	包包、鞋子等
3 号	430×210×270	2.1	包包、鞋子等
4 号	350×190×230	1.5	包包、鞋子等
5 号	290×170×190	1.2	工艺品等
6 号	260×150×180	0.9	化妆品等
7 号	230×130×160	0.8	化妆品等
8 号	210×110×140	0.6	化妆品、饰品等
9 号	190×105×135	0.5	化妆品、饰品等
10 号	175×95×115	0.45	化妆品、饰品等
11 号	145×85×105	0.38	化妆品、饰品等
12 号	130×80×90	0.28	化妆品、饰品等

2. 编织袋

编织袋适用于各种不怕挤压和冲击的商品，其优点是成本低、重量轻，可以节省一点运费；缺点是对商品的保护性较差，只能用来包装质地柔软、耐压耐摔的商品。

编织袋是价格较低、重量较轻，还可以比较好地防止挤压，对商品的保护性相对较强的一种包装材料。适用于包装一些本身具有硬盒包装的商品，如礼品盒、数码产品等，属于性价比较高的一种。泡泡纸可以配合纸箱进行双重包装，加大商品的运输安全系数。

3. 牛皮纸

多用于书籍等本身不容易被挤压或摔坏的商品，可以有效防止商品在运输过程中磨损的一种包装材料。

4. 内部填充品

一般有缓冲气垫、珍珠棉、保丽龙、泡泡粒等。另外，对于一些如数码产品、未密封的食品、服饰等，在包装的时候需要考虑防水与防潮，这类商品在包装后，通常采用胶带对包装口进行密封。

(二) 包装的原则

包装是货物到达买家手中后给买家的第一印象，商品的包装除了包装商品，便于运输外，也要满足买家的审美心理需求。所以好的商品包装应遵循以下几个原则。

1. 安全性

包装是保护商品在物流过程中完好和商品数量完整的重要措施。商品包装首先要遵循安全性的原则，保证商品可以安全地到达买家手中。如果包装不完整，无法保证商品的安全而造成损坏，很容易导致交易失败，会给买家增添麻烦，给自己增加损失。

2. 节约性

网上开店最大的一个优势就在于价格，网上商品的价格包括商品本身的价格，还包括包装、物流、保价等成本。因此，除了需要注意物流费用的支出外，商品的包装也占据很重要的位置。

3. 整洁性

有部分卖家为了节省包装材料的费用，往往使用布袋包装货物，这虽然是节约成本很好的方法，只是，布袋的外表一定要美观。要是用了一个脏兮兮、缝制得乱七八糟的袋子，里面装着的货物再昂贵、再漂亮，也被降低了价值。

4. 超值性

在保证商品可以安全、完整到达买家手中的前提下，可以在包装里送给买家一个小礼品，让买家可以体会到卖家的诚信。同时，也可以增加对卖家的好感，把买家变成忠实的客户。

（三）生鲜农产品包装技巧

1. 生鲜农产品包装需要准备

真空机；冰袋；保温泡沫盒。这三样产品上阿里巴巴批发网，淘宝、天猫超市最容易买到而且价格不贵。

①真空机根据自己需要选择型号，价格在几百元起！

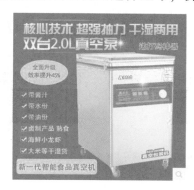

②冰袋根据型号大小价格在 0.5~2 元不等。根据自己的型号选择。

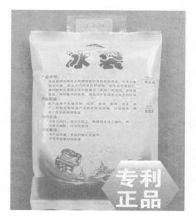

③保温泡沫盒价格在几元一个。可以网上订购，也可以在当地根据需要找厂家定制。

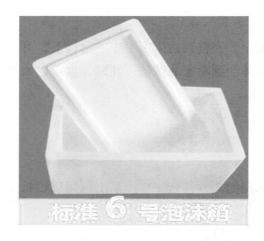

2. 生鲜农产品包装方法

①蔬菜、水果根据耐储存情况选择是否用真空袋包装，包装后和冰袋一起放入保温箱泡沫盒里打包。

②如果是生鲜肉类、禽类，需要采用现宰现卖。分成块采用真空机真空包装后，放入冰箱冷冻降温1~2小时，再把冷冻后的生鲜肉类、禽类和冰袋一起放入保温泡沫盒里打包。

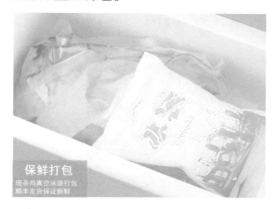

5 把冷冻后的鸭子和冰袋一起放入泡沫箱，可以使鸭子在运输途中一直保持冷冻状态

③生鲜肉类、禽类采用顺丰航空发货。一般发货 24 小时后客户就可以收到。水果、蔬菜根据远近选择物流公司!

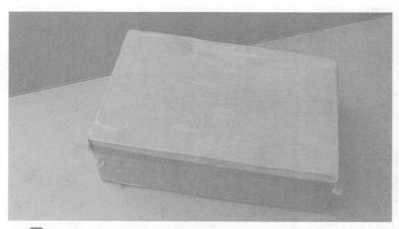

6 泡沫箱外再包上一层纸箱，然后用胶带牢牢的捆住，防止在运输过程中受到暴力迫害

卖家必看骗术大揭秘——新手卖家如何识别防骗？

新手卖家如何识别防骗，不管你是买家还是卖家，不管里面是虚拟还是实物，都不要轻易打开别人给你的链接！接下来，结合以往小伙伴们的被骗经历说说如何识别被骗。

骗术 1——只拍货不付款，然后威胁行骗

目标人群：新手卖家主要是充值行业。骗子利用新手卖家对淘宝网的交易流程等不懂，实施诈骗。

骗术揭秘：在新手卖家店铺一次或多次拍下上百元，或者上千元的 Q 币或者手机充值卡并不付款。并一次次发消息或者打电话催卖家发货，卖家不发货并以投诉差评威胁新手卖家。

破解骗术：在已卖出宝贝查看卖家是否付款，如订单显示卖家已付款有蓝色发货按钮，则买家已付款可以发货。如是显示等待买家付款，却催你发货的肯定是骗子，不要发货，直接告诉他系统自动充值只有付款后系统会自动发货。骗子自然知难而退。

骗术 2——发其他自动发货店链接，让您帮他购买。

目标人群：新手，粗心卖家。买家拍下很多的充值卡之后和你聊天，骗取你的信任，你刚好没有 2 000 元的充值卡，买家就给你发来一个自动发货的店铺的链接，让你买过来再卖给他。非说自己已经给你付款，结果你是新手不懂就买了 2 000 元的充值卡。在以为买家付款的情况下发了过去。

骗术揭秘与破招：买家如果给你其他店铺的链接让你帮他购买，100% 是骗子。这样的骗子很好解决。保留聊天记录防止被投诉时候使用，这类骗子一般都是只拍货不付款的，您直接告诉骗子让他自己在他提供的店铺购买。您不提供非本店商品的出售。他说什么都不要帮他买，如果您愿意上当除外哦！

骗术 3——利用钓鱼网站

目标人群：新手以及部分粗心卖家。

骗术揭秘：骗子买家一般是未认证的小号。发过来一个链接，会问：老板我要买×××请问好有没有货，并附上一个链接。

骗术破招：以前有朋友说旺旺上的链接前边有个绿色盾牌就是安全的，现在我要告诉你绿色的也不安全了，前几日发现骗子出新招。利用阿里巴巴发布消息之后利用淘宝网链接转接到钓鱼网。只要是发链接的请不要打开连接。打开之后要登录的一定是钓鱼网。

骗术 4——假淘宝在线客服

目标人群：新手卖家。

骗术揭秘：拍货之后不付款要求卖家发货，新手卖家不发货，并以投诉差评威胁，过一会会有个"淘宝在线客服"之类的旺旺联系你，告诉你收到买家投诉要求你给买家发货。

骗术破招：淘宝网不会有这样的联系客服，也不会催卖家发货的。只要是催你发货的所谓淘宝客服就是假的。

骗术5——超低价格销售商品

目标人群：贪图小便宜卖家。

骗术揭秘：骗子会给你一个链接和超低的销售价格，比如QB0.5元一类的。并喊着每天只销售多少个超多就不再买了。又骗你快速购买。这样的也属于钓鱼网。你打开连接之后需要登录淘宝。这其实不是真正的淘宝网，而是骗子的假网站。等你登陆后网站会以种种原因说要修该支付密码之类的。这样一步步获取你的所有密码。

骗术破解：不要贪图小便宜安全第一。只要你不贪图小便宜，受骗的几率会大大降低。

骗术6——类似号码拍货重复要求发货

目标人群：所有淘宝卖家。

骗术揭秘：骗子使用2个很相似的淘宝账号行骗，用账号A和你聊天说要买货，之后使用账号B去拍货付款。粗心卖家会认为这是同一个人便给A号发货。骗子拿到所需要的东西后，再用账号B联系卖家再次索要东西。这样卖家就被骗走一份东西。

骗术破招：在发货之前，在拍货记录上点击拍货旺旺联系买家发货。或者确认拍货旺旺是否和联系旺旺相同。一般情况下数字"0"和字母"O"不好分辨。请一定注意。

骗术7——汇款骗局

骗术揭秘：骗子想办法获取卖家信任，最后以支付宝不能使用等为由，说要汇款。然后说是先支付一半的费用。等你发货之后骗子从此消失。

骗术破招：不能支付宝担保的，不要出现预付一半的情况。也不能太相信买家。

骗术8——PS付款截图法

骗术揭秘：骗子在拍下货物之后，并不付款。并且一味的催你发货，并提供付款的截图给你。部分新手卖家容易中招。

骗术破招：不论买家怎么给你提供付款证据，你都要自己进入已卖出宝贝中查看订单状态，确认订单为买家已付款。并有蓝色发货按钮，才能发货。

骗术 9——支付宝邮箱发信法

目标人群：新手虚拟充值类。

骗术揭秘：此招数依然是拍货之后不付款，然后告诉你让你在支付宝绑定的邮箱查看邮件。骗子会利用诸如 163、126 等免费邮箱发送假冒的淘宝系统邮件。

骗术破招：淘宝在交易中从不会给卖家发邮件，大家也可以通过邮箱来分辨。用类似 163、126 等邮箱发送的都是骗子。

骗术 10——2 个充值号码混淆

骗术揭秘：骗子会用自己的账号拍下充值的东西，填写好充值的号码，等他拍完他会给我们善良的卖家发一个要充值的号码。如果你给他旺旺的号码充值的话。上当了，他会说你是自动充值的，自己填写好了号码的！然后怪你充值错误。要求退款，很多新手卖家自认倒霉退款，或者帮骗子再充值一次。

骗术破招：任何人买东西只能和他拍货的旺旺联系不是拍货旺旺发的任何消息都不予理睬。即使他告诉你自己是谁。

骗术 11——第三方诈骗

目标人群：各类充值软件加款。

骗术揭秘：卖家 A 发布自己的价款链接，骗子 B 联系好买家 C，告诉卖家 A 的店是自己的大号，自己在联系 A 并告诉 A 自己要加款，同时将加款链接给 C，C 拍下链接之后 B 立马联系 A 给自己的账号加款。从而获取充值软件加款，实现骗钱目的。

骗术破招：在购买任何商品时，一定要和店主旺旺联系。哪怕说是自己的大号或者小号，也必须和店主旺旺联系。要求用其他旺旺联系的 100% 是骗子。

骗术 12——最新淘宝漏洞骗术：超低价格电话费

目标人群：贪小便宜者。

淘宝更新后出现新的跳转漏洞，就算是店铺的宝贝连接，点击也会跳转到钓鱼网，造成买家资金被盗等方式获取买家钱财，骗子往往以公司店铺活动等为由声称有 5 折电话费，或者 1 元充值 50 元话费。骗子就是利用了现在人贪小便宜的心里屡屡得逞。

防骗招术：请勿相信价格不正常的商品，永远记得天上不会掉馅儿饼。电话费的的利润一般最多在 1.4~1.6 个百分点！不会有这么便宜的话费。只要不贪心认真想想就不会被骗。

骗术 13——充值软件加款骗术购买前不申明要加款的软件类型

目前充值软件种类比较多，给骗子的行骗提供了方便。骗子在购买一些卖家的加款是不申明要加款的软件名称，等卖家转账成功后，告知卖家自己以为卖家销售的是另一种软件的加款，声称卖家弄错了，没有加款到账。要求退款。实现骗取预存的目的。对于此种状况，买家很多时候会退款成功。

骗术破招：发布商品时一定要表明是那种充值软件的预存款，准确的表明商品的名称，在买家拍货前询问买家需要购买的是不是您在销售的商品。可以有效地防止被骗。

骗术14——骗术假客服电话骗取支付宝验证码

骗术解密：目前骗子的骗术很多，有不法分子制作的软件，可以设置显示的号码，也就是说你看到的号码是淘宝公司的但是真正拨打的号码被隐藏了。这位朋友遇到就是骗子拨打电话冒充淘宝工作人员，向这位朋友索要各种密码后使用账户余额购买了很多的东西，消费了8 000多元。

如果说某天你接到一个电话，对方自称是淘宝公司的，请您不要轻易相信。淘宝客服不会和你要任何的验证码，登录密码等信息。如果对方向你索要账号信息，或者要求提供手机收到的验证码100%是骗子。如果说您不能确认是不是骗子，又担心真的账号有问题。您可以挂断电话，自行拨打淘宝公司的电话。与淘宝联系核实情况。淘宝的电话是需要收费，但是您要是账号被盗就不是这点小钱了。

骗术15——店铺租赁骗子

这个是很久就有的骗术了，骗子会话高价租你的店，说做商品推广之类的。第一次给您付款很爽快。等他拿到你有信誉度的店铺之后他就发布违反淘宝规则的商品，或者是骗人的连接，利用你的店铺来欺骗一些新手朋友，所以遇到这样的还是多考虑一下，为自己的店铺安全着想。慎重选择。

【小结】俗话说得好，害人之心不可有，防人之心不可无，如今互联网骗术也日趋盛行，在此小编提醒小伙伴们谨慎，谨慎，再谨慎。

典型案例

遇到了土豪买家的故事

有卖家反映，说自己最近遇到了一个土豪买家，开口就要几万元的货，卖家激动坏了，这可是有史以来他接到的最大单子，一定要服务好这买家，可是，这位土豪买家却提出了别的要求……

我是一家公司的淘宝运营，前几日我跟往常一样按时来到办公室上班，就在开电脑不到一分钟后旺旺响了，我想骗子应该早就盯上我的店了，可能是因为我们店的产品比较特殊，产品单价比较高，这个骗子经过简单的咨询之后就要了10款腰带，下面是跟他的聊天记录。

骗子说是给公司买的，并说由公司的财务来出账，他这样说是为了下一步行骗做铺垫。之后骗子说财务卡限制了，要向我们老板银行卡账号进行直接转账，随后叫我们再转账到他的支付宝付款。

骗子开始要我们老板的电话，说转账成功后会电话联系我们老板，那时候因为老板还没有来，就把同事的手机号发给他，不久便收到银行转账成功的信息。

这时骗子也着急了，一直催我转账给他。之后我们老板到来了，我和他说了事情经过之后他说根本没有短信，银行卡里也没有这笔资金入账。这时候我们才明白遇到了骗子。

骗术解析：骗子以银行被限额了要求提供卡账号，然后以 PS 截图、伪基站给留下的手机号发送短信。制造假象让卖家以为银行卡到账。

作为卖家我们都要坚持遵守一个原则：不付款不发货！不要轻易相信银行转账是最安全最有保障的交易方式。

参考文献

陈彩月 . 2014. 手把手教你开微店［M］. 北京：中国宇航出版社 .

潘长勇，王伯文 . 2016. 农民手机应用［M］. 北京：中国农业出版社 .

陶忠良 . 2016. 农民智能手机应用指南［M］. 北京：中国农业科学技术出版社 .

吴迎杰 . 2016. 微信营销［M］. 天津：天津科学技术出版社 .

朱斌 . 2016. 互联网与农产品经营［M］. 北京：九州出版社 .